瀬山先生の数学講義シリーズ

頭にしみこむ微分積分

瀬山士郎

技術評論社

読者の皆様へ

微分積分学というタイトルの本はたくさんあります。おそらくいま日本で入手できる本だけでも100冊以上、200冊近くあるのではないかと思います。その中には、もう半世紀以上も読み継がれてきた名教科書もあります。あるいは微分積分学を厳密にきっちりと構築した本、もう少し簡単に高校数学との接続を意識して、いわば数学Ⅳという感じで書かれた本もあります。私自身も大学の教養数学として数学Ⅳタイプの教科書を書いたことがあります。また、読み物として微分積分学を扱った一般向け解説書も何冊も出版されています。そんな中で、屋上屋を重ねるように、微分積分学の本を書いたのはなぜなのか。

大学初年時の数学は私が数学を学び始めた頃から、実は目立った大きな変化はありませんでした。微分積分学と線型代数学がその主な2本の柱です。私が本格的に数学を学び始めたのは1960年代、今から半世紀も昔です。高校時代に学んだ微分積分学とは一味も二味も違った、本格的な数学でした。およそ半年をかけて、実数の連続性から始まり、関数の連続性とはなにか、関数が微分できるとはどういうことかを学びました。おそらく、21世紀になった今でも、特に理工学系の大学生は4年間の学びのどこかで、こうした微分積分学を学んでいると思います。しかし、私が微分積分学を学んだ1960年代と今2016年では学ぶ環境が大きく変化しました。その最大のものはコンピュータの発達です。

今でも忘れられない思い出があります。それは大学1年になった年の夏休みでした。数学科の学生に対して、夏休みの宿題が出たのです。大学生にもなって宿題かぁと思ったものですが、その宿題は「積分500題」という計算練習です。もっとも、今思い出してみると、500題というのは記憶違いで、せいぜい200題くらいだったかもしれません。ともかくも、関数の原始関数(不定積分)を求める問題だけが大量に出たのです。本書の中でも触れていますが、微分の計算と違って、原始関数を求める計算はあまり機械的にはできません。様々な変換を考えて計算を行う必要があります。ともかくも一夏を原始関数の計算に明け暮れて、夏休み明け、ノート数冊にも及ぶ宿題を提出したのです。当時はこの宿題を恨んだものですが、数百題に及ぶ原始関数を求めた経験は、計算力を強化するのにとても役立ちました。

数学は広い意味での計算(式の変形)をもとにして想像力を羽ばたかせる学問です。その意味で、計算力のトレーニングはいわば、スポーツの筋力トレーニングに似たところがあります。数学の基礎体力をつけるために、少し辛いかもしれないが、脳の筋肉を鍛える。そのために計算をしてみることは今でも大切なことだと思います。ただし、筋力トレーニングについて、一つ十分に気を配っておかなければならない点があります。それは数学の場合、今自分が行っている計算が一体何なのか、をよく理解しておくことです。計算力を高めることと計算の意味を理解することは数学理解のための両輪に他なりません。計算の意味を理解するためには、それほど高度な計算は必要ない場面もたくさんあります。さらに、先ほど述べたコンピュータの発達により、21世紀の現在、関数を微分したり積分したり、あるいは極値を求めたり面積を求めたりする計算は、かなりの程度コンピュータがしてくれるようになりました。関数を入力しさえすれば、その導関数も原始関数も、コンピュータがたちどころに計算してくれます。おそらく今では「積分500題」という課題は出されないのではないかと思います。

本書は微分積分学の意味の理解と基本的な計算技術について、2部構成で書いた本です。多くの本格的な教科書が、意味の理解と計算力の向上を一体として書かれているのに対して、本書第1部「微分積分学の考え方」では一般向けの解説書よりやや踏み込んで、しかし、本格的な教科書のような厳密性は追いかけず、小学校以来の速さや濃度、あるいは三角形の面積を題材にして、微分積分学の意味を解説しました。第1部での目標を「微分積分学の基本定理」の理解に設定しました。つまり、定積分の値が原始関数の差として求まるのはなぜなのか、を微分の理解を通して説明しようということです。第2部「微分積分学の計算技法」では本物の技術を鑑賞するためのトレーニングとして、いくつかの典型的な計算技術を解説しました。

前に述べた通り、微分積分学の計算技術は、その多くの部分をコンピュータが手助けしてくれるようになって、かつてのような計算演習の必要性は薄くなっています。工科系の基礎数学でも、不定積分の計算に時間をかけることは少なくなっているようです。しかし、数学の計算技術のなかには、あたかも、立派な建築を支えている大工さんの技術のように、自分で練習しなくても鑑賞するに値するようなものもたくさんあります。多くの読者にとって、自らがそのような計算をしなければならないという場面は少ないでしょう。それでもよい音楽を聴き、名画を見て自分の感性を養うことは大切です。数学でも、見事な計算技術を鑑賞することは、数学に対しての自分の感性を養うための大切な手段だと思います。本書が紹介する計算は微々たるものに過ぎません。微分積分学の歴史の中には、真に鑑賞に値する多くの計算が現れます。そのような計算を鑑賞するための手引きとして、本書で取り上げたいくつかの計算が役立てば幸いです。

このような構成の読み物を書いてみたいと思ってから、ずいぶんと時間が経ってしまいました。本書が無事読者の皆様に届けられるのは、技術評論社の成田恭実さんのおかげです。

ここに記してお礼申し上げます。

目次

第1章

微分学とは どういう数学か

1.1 意味が分かるということ

皆さんは数学とはどんな学問だと思いますか？　日本では小学校以来、多くの人は何年もかけて数学を学びます。小学校の時に学んだのは算数で、数学ではないよ、と思っている人も多いようですが、算数も立派な数学です。小学生は使える技術が少ないので、文字を使って計算したり、方程式を解いたりということはしません。けれど、数の計算だって立派な数学です。数学と限らず、どんな学問でも、それを学ぶ人の年齢に応じてだんだんと難しくなっていきます。ですから、小学生が文字の計算やマイナスの数、方程式の解き方を学ぶことはないのですが、それは決して算数が数学ではないということではありません。小学校の数学では、計算だけでなく、分数のたし算はどうして通分しなければいけないのかという理由も学びます。自分が今行っている計算の意味や理由を理解することは、数学を学ぶ上で最も大切なことの1つです。その意味でも小学生は数学の一番基礎的な部分をしっかりと学んでいるのです。

皆さんは

$$\frac{1}{2}\times\frac{1}{3}=\frac{1\times1}{2\times3}=\frac{1}{6}$$

という計算は正しいのに

$$\frac{1}{2}+\frac{1}{3}=\frac{1+1}{2+3}=\frac{2}{5}$$

という計算はどうして間違っているのか説明できるでしょうか。

これは単に分数の計算ができるということ以上に、分数とはどんな数なのかを理解するうえでとても大切なことです。

分数とはさまざまな異なった単位の系列で出来ている数のシステムです。普通の数は1を単位としてそれがいくつあるのかを数えて、

$$1,\ 2,\ 3,\ 4,\ 5,\ \cdots$$

という系列を作ります。この系列を数えたいものに順番に割り振って行ったとき、最後のものに何が割り振られるのか、がものの個数を数えることです。

しかし、場合によっては、数える時の単位を変えなければならないことがあります。1つではなく、半分にしたものを単位として数える、あるいは1/3を単位にして数える、こうして新しい数の系列

$$\frac{1}{2},\ \frac{2}{2},\ \frac{3}{2},\ \frac{4}{2},\ \frac{5}{2},\ \cdots$$

$$\frac{1}{3},\ \frac{2}{3},\ \frac{3}{3},\ \frac{4}{3},\ \frac{5}{3},\ \cdots$$

が作られました。それぞれの系列は1/2や1/3を単位としてそれのいくつ分なのかを表しています。分母の2や3はこの系列が何を単位としているのかを表し、分子の数は、その単位がいくつあるかを表しています。

ところで、たし算の持つ最も大切な性質の1つとして、「単位の違うものはそのままではたせない」ということがあります。簡単な例でいえば、重さと長さはたせない、2kgと3mをたしたらいくつになるか、2+3=5という数の計算をすることはできますが、2kg+3mという計算をすることはできません。同じ長さの単位でも、2cmと3mをそのままたすことはできません。単位をそろえないとたせないのです。分数のたし算も同じです。1/2系列の分数と1/3系列の分数では単位が違っています。ですからそのままたすわけにはいかないのです。ところが、これらの分数は1/6系列の分数の中に自然に埋め込むことができます。

$$\frac{1}{6},\ \frac{2}{6},\ \frac{3}{6},\ \frac{4}{6},\ \frac{5}{6},\ \cdots$$

という1/6系列の分数の中に自然に1/2＝3/6,1/3＝2/6として1/2, 1/3が埋め込まれています。こうすると単位がそろうのでたすことができるようになり、

$$\frac{1}{2}+\frac{1}{3}=\frac{3}{6}+\frac{2}{6}=\frac{3+2}{6}=\frac{5}{6}$$

となります。分数の分母とはその分数での単位が1を何等分したものかを表す数です。

ところがかけ算は違います。かけ算は単位が違うものをかけることができる、これがたし算とかけ算の本質的な違いです。小学生が学ぶかけ算にもそのことは表れてきて、時速4kmで3時間歩けば、何キロ歩いたことになりますか、という問題では、

$$4\mathrm{km/h}\times 3\mathrm{h}=12\mathrm{km}$$

という計算をしますが、ここでは時速と時間という異なる量(単位)をかけて距離を求めています。ですから分数のかけ算も単位をそろえる必要はないのです。

1.2 均質と不均質

かけ算は単位をそろえる必要がないことをお話ししましたが、その時の例は

$$4\mathrm{km/h}\times 3\mathrm{h}=12\mathrm{km}$$

でした。

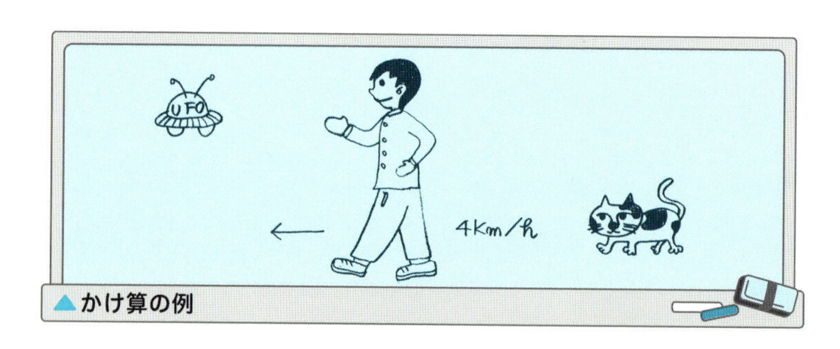

▲かけ算の例

これは小学生が学ぶかけ算の代表例です。ほかにも「花壇に1m^{2}あたり、$\frac{3}{4}\ell$の水をまきました。$\frac{5}{2}$m^{2}の花壇ではどれくらいの水をまいたことになりますか」などという問題も出てきます。この計算が

$$\frac{3}{4}\,\ell/\mathrm{m}^2 \times \frac{5}{2}\,\mathrm{m}^2 = \frac{15}{8}\,\ell$$

となります。

▲かけ算の例：水をまいた面積

このように出てくる数値がいろいろと変化して、分数のかけ算などの具体的な例となるわけです。普通はこの計算を単位をつけずに

$$4\times 3 = 12,\ \frac{3}{4}\times\frac{5}{2} = \frac{15}{8}$$

などの形で行うのです。

ところで、前の移動距離の例でも、あとの水まきの例でも問題の中には明示されていないのですが、小学生たちが暗黙のうちに前提としている大切な仮定があります。その仮定が微分積分学の考え方の中核にあるのです。

それは何でしょうか。自動車の走った距離や時間と速度の例が分かりやすいので、それを例にとってお話ししましょう。

1.3 自動車の速度

時速60kmで走っている自動車は1.5時間でどれくらい進むだろうか。

$$60 \times 1.5 = 90$$

で90km進みます。逆にいえば、90kmを1.5時間かけて走った自動車の速さは$90 \div 1.5 = 60$で時速60kmになります。ところが実際の自動車はいつも一定の速さで走っているわけではありません。最初の出発地では止まっているでしょう。そこからゆっくりと走りだし、次第にスピードを上げていきます。時々は赤信号で止まることもあるでしょうし、高速道ではスピードをあげます。そして目的地に着けばまた停車します。時速60kmというのは、途中の自動車の速さの変化を無視した、全体として自動車が一定の速さで走ったとみなしたときの速さです。小学生が時速として学ぶのは、このように均質化された速さです。その時々の速さの変化は無視して、全体を一定の速度で走ったと仮定して、

$$速さ = 距離 \div 時間$$

の公式で速さを計算しています。これは1時間当たりの走行距離を求めたことになります。普通に速さといっているのは、この1時間当たりに走った距離に他なりません。これを数学では1当たり量と呼びます。

しかし、実際には、自動車が一定の速さで走ったという仮定は普通は成り立ちません。自動車の走り方は均質ではなく不均質なのです。分かりやすく言えば、早くなったり遅くなったりしています。では実際の自動車の運行状況をもう少し詳しく述べたいと思ったら、どうすればいいでしょうか。なにかいいアイデアがあるでしょうか。

▲自動車は同じスピードで走っているわけではない

いろいろとアイデアを出していると、こんなことに気が付くかもしれません。自動車は最初は止まっている。そしてゆっくりと走りだす。途中では高速道路に入り、かなりのスピードで走った。そして目的地近くの市街地ではまたスピードを落とす。そこで走った時間を、走り始めてからの30分、真ん中の30分、目的地周辺の30分に分けて考えるのです。この自動車は、最初の30分で20km、高速道路に入ってからの30分で50km、最後の30分で20km走りました。ですから最初と最後の30分では

$$20 \div 0.5 = 40$$

で時速は40kmでした。

一方、高速道路では

$$50 \div 0.5 = 100$$

で時速は100kmでした。

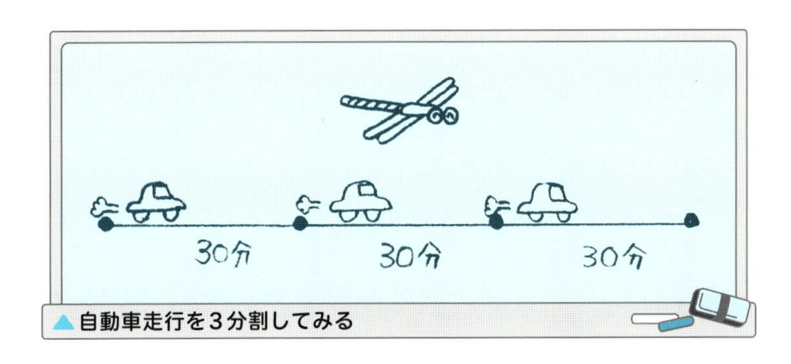

▲自動車走行を3分割してみる

こうすると、この速度は不均質な状況で走った自動車の走行状態を、前よりはずっと良く表しています。最初と最後はゆっくりと、高速道路では時速100kmで飛ばす。ここまで来ると、微分という考え方にあと一歩です。いまは自動車が走った時間、1時間半を最初の30分、真ん中の30分、最後の30分に分けて、それぞれでは一定の速さで走ったと考え、30分ごとの速度を計算しました。しかし、最初の30分でも自動車は常に一定の速さで走ったわけではありません。そこで、この30分をさらに、最初の10分、次の10分、最後の10分と分けて、それぞれの時間での自動車の速度を計算すれば、自動車の走り方の様子はもっと詳しく分かるでしょう。

▲自動車走行9分割

これで分かりました。自動車の様子をもっともっと詳しく調べるためには、時間をさらに細かく分割し、1分毎、あるいは1秒毎に走った距離を計算すれば、その時の自動車の速度が分かります。これが自動車の速度計に他なりません。自動車の速度計は時々刻々と変化しています。速度計が表している自動車の速さとは、その時間から、たとえば1秒たった時、自動車はどれくらい進んだか、それが20mだったとすると、これは1時間に換算すると、

$$(20 \times 3600) \div 1000 = 72$$

ですから、時速72kmで走っていることになり、この値が速度計に表示されているのです。

もう1つ例を挙げます。

1.4 かき回していないコーヒー

皆さんはコーヒーを飲むでしょう。ブラックが好きな人もいるでしょうし、ミルクや砂糖を入れたコーヒーが好きな人もいるでしょう。コーヒーに砂糖を入れます。十分にかき回せば、程よい甘さのコーヒーになります。しかしあまりかき回さないと上の方はブラックに近い苦いコーヒーになり、カップの底の方は砂糖がたまったとても甘いコーヒーになります。

▲コーヒーの例

つまり、コーヒーはかき回していないと不均質で甘さが一定ではなくなってしまいます。「コーヒー、お砂糖何杯？」と聞かれて、砂糖を2杯入れたとしても、かき回さなければ、コーヒーは甘くなりません。つまり、コーヒーの甘さを普通は濃度とは言いませんが！　あえて濃度という「学術用語」を使えば、かき回していないコーヒーの濃度は不均質で一定ではないということになるでしょう。

小学校で学ぶ食塩水の濃度も同じです。普通は食塩水の濃度というと、中に入っている食塩の量（グラム）を食塩水全体の量（グラム）で割ったものです。

$$\text{濃度} = \frac{\text{食塩}}{\text{食塩水}} \times 100\,[\%]$$

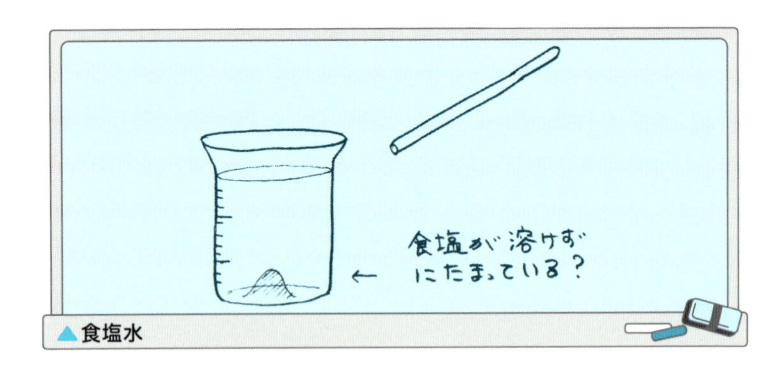

▲食塩水

ところが、小学校では当然のこととしてあまり説明されることがないのですが、とても大切な仮定があります。それは何でしょうか。それはこの食塩水が均質であること、つまり、食塩水のどの部分をとっても濃度が一定になっていることです。分かりやすく言えば、食塩水が十分にかき混ぜてあることです。水に食塩を入れただけでかき混ぜないと、食塩は下の方に溜まり、コーヒーの場合と同じように、下の方は塩辛く、上の方はほとんど水に近い食塩水ができます。これでは、この食塩水の濃度が5%だといっても意味がないでしょうね。ですから、普通は濃度が食塩水のどの部分でも一定になるように、よくかき混ぜるのです。

では、かき混ぜていない不均質なコーヒーや食塩水の状態を数学的に記述することができるでしょうか。

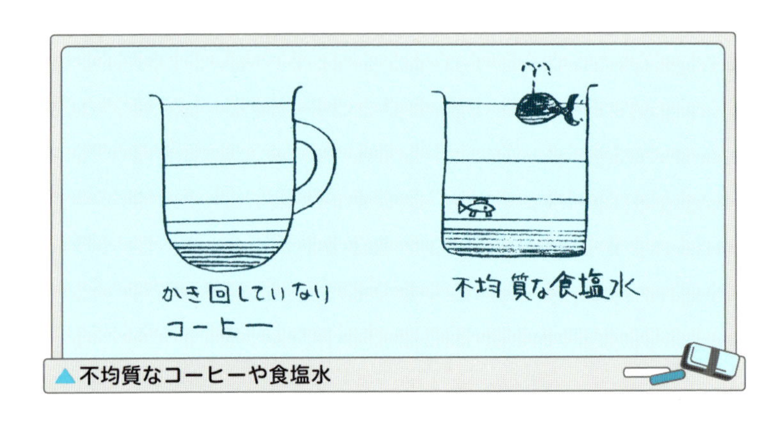

▲不均質なコーヒーや食塩水

自動車の速度を考えた時と同じアイデアが使えます。それはコーヒーカップや食塩水を入れたビーカーを上下2つに分割し、上側だけをかき混ぜる、下側だけをかき混ぜると考え、カップやビーカーの上半分の濃度、下半分の濃度を考えることです。全体はかき混ぜていないので、コーヒーカップ全体の甘さ、ビーカー全体の食塩水濃度は分かりません。しかし、上半分だけ、あるいは下半分だけをかき回したと考えて、上下に分割した（と考えた）コーヒーの甘さ、ビーカーの食塩水の濃度をそれぞれ考えると、かき混ぜていないコーヒーや食塩水の状況を少し正確に表すことができます。もっと正確に表したいのなら、コーヒーカップやビーカーを2つに分けるのではなく、4つに分ける、8つに分けると考えて、それぞれの部分の甘さや濃度を、その部分だけかき混ぜたと考えて計算すればいいのです。

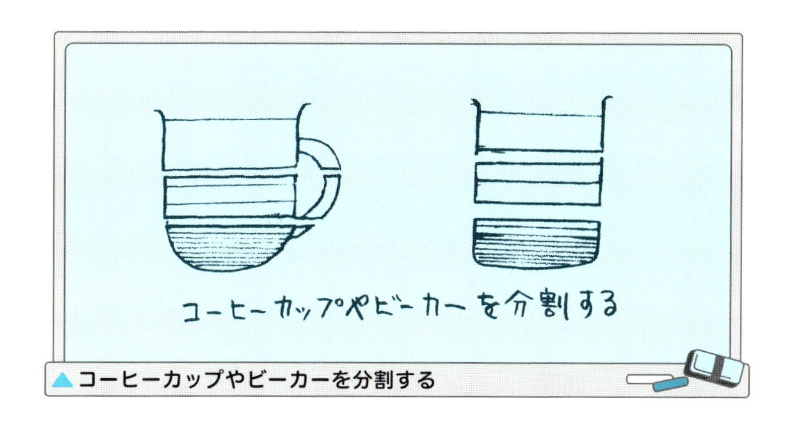

▲コーヒーカップやビーカーを分割する

少しだけ数式を使い、今までの話をまとめてみます。もう一度自動車の様子を考えましょう。

1.5 微分の一歩手前

いま出発してからx時間後の自動車の走った距離が関数$y=f(x)$で表されているとしましょう。α時間後に自動車が目的地に着くとすれば、$f(\alpha)$が出発点から終点までの距離です。これをかかった時間αで割れば自動車の平均速度

$$v=\frac{f(\alpha)}{\alpha}$$

が求まります。しかし、この値が自動車の走った様子を正確には表していないことは前にお話しした通りです。ちょっと断っておくと、これは平均速度に意味がないということではありません。平均速度を求めれば、おおまかな自動車の走る様子を表すことができますし、それ以外にも大切な意味があります。たとえば速度と時間、距離との関係は平均速度を考えることで分かります。

しかし、平均速度ではなく、走行途中の自動車の速さが知りたいというのも大切なことです。そこで自動車が出発してa時間から測ってh時間走ったとして、この間の速度を求めてみるのです。これはコーヒーカップやビーカーでいえば、厚さhの薄い部分を考えたことにあたります。

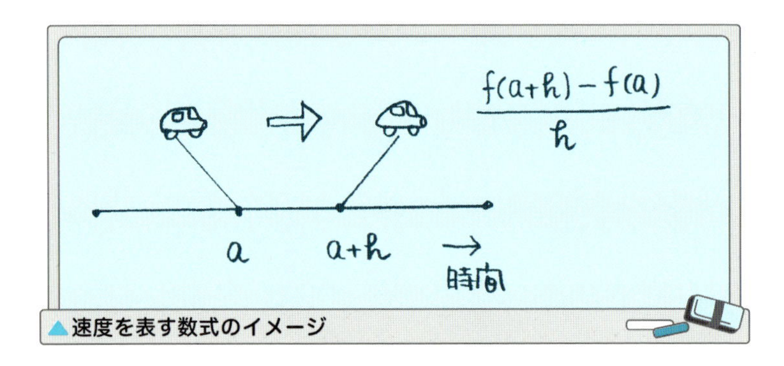

▲速度を表す数式のイメージ

自動車はこのh時間の間に$f(a+h)-f(a)$だけ進みますから、このh時間の間は一定の速さで走った、つまりかき回して速さが一定になったと考えて、この間だけの平均速度を計算しましょう。

すると速度vは

$$v=\frac{f(a+h)-f(a)}{h}$$

となります。

これはほとんど微分に他なりません。

たとえば、出発してからa時間後の自動車の速さを考えます。そこから測って3秒間でこの自動車が60m進んだとすると、時間と距離を秒とメートルで測るとして、$h=3$のとき$f(a+h)-f(a)=60$ですから、自動車の速さは$60\div3=20$で秒速20mです。これは時速72kmにあたり、この数値が自動車の速度計に表示されているのです。この自動車は出発点での速度は0ですから、ここで求めた時速72kmはその時点での自動車の状態をよく表しているに違いありません。この速さを測る時間を、3秒ではなくもっと短く1秒、0.1秒、0.01秒…としていったらどうなるだろうか。これが微分の考え方です。

微分のもとになるアイデアは以上の通りで、結局微分とは不均質な状態を、ある特定の小さな部分や時間に限って均質だとみなして、その小さな場所や短い時間での濃度や速度を考えようとするものです。数学はこの考え方を数式や記号を使って展開してきました。それには状態を記述するための道具としての関数という考え方が必要になったのです。そこで次章では関数について考えてみましょう。

Column

微分と積分

微分と積分というと、多くの場合接線と面積というイメージで語られることが多いようです。もちろんこれは間違いでもなんでもなく、高校生が微分を使って接線を求め、積分を使って面積を求めることはとても大切です。しかしそのイメージに余りにこだわると、微分積分学の１つの大切な柱である「微分積分学の基本定理」の理解が少しあやふやになることもあるようです。微分と積分って逆の関係にあるというけれど、どうして接線の逆が面積なんだ？という疑問です。

微分係数が接線の傾きを表すのはその通りなのですが、それ以前に、微分とは関数の一部分の変化の様子、変化量を表しているという理解が大切です。積分とは、細かく分けたものをたすという操作ですから、細かい変化量の総和は全体の変化量になる、一方で、細かい変化量は正比例関数として表され、それは図形としては、比例定数×変化量を縦×横と考えると面積に結びつく。これからのいくつかの章で、このことを順を追って説明していきたいと思います。

第2章

微分積分学が扱う対象 関数

2.1 関数とは

第1章でお話ししたように、微分学は不均質な状況にある様々なものを一部分だけ取り出し、そこだけは均質であると考えていろいろなことを調べていく数学です。

ところで、数学ではそのような研究対象を数式(数学記号)を使って表し、計算という手段で研究していきます。そのために数学が考え出したものが関数に他なりません。関数とは様々な現象を数学的に表すための道具なのです。微分積分学でも、直接に計算の対象となるものは関数です。そこで、最初に関数とはなにかを考察しておきましょう。

2.2 比例

関数が初めて姿を見せるのは、小学校6年の比例です。「ともなって変わる2つの量の関係について調べていきましょう」というようなタイトルの単元の中で、いろいろな量が出てきます。たとえば兄妹の年齢差とか、1冊の本の読んだページと残りのページの関係、同じ値段のものをいくつか買った時の値段などです。

▲兄妹の年齢差／読んだページと残りのページ

中でも一番大切な関係として比例が出てきます。一定量の水を水槽に入れていくときの時間と深さの関係などが典型的な比例です。

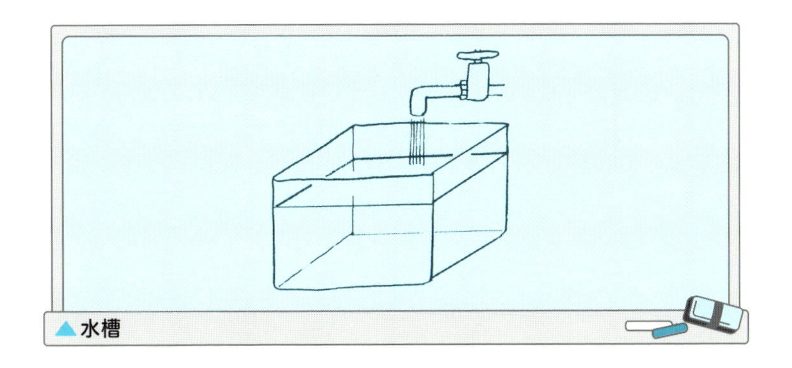
▲水槽

多くの人が「片方の量が2倍、3倍になると、もう一方の量も2倍、3倍になる関係を比例という」という小学校での比例の定義を覚えていると思います。この説明は文章のリズムもいいので記憶に残るようです。

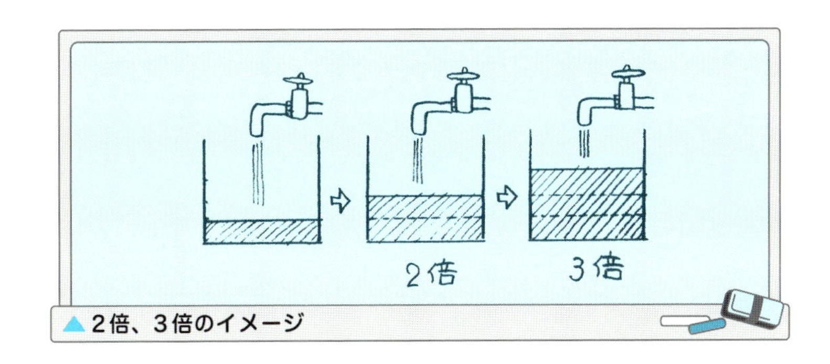

▲2倍、3倍のイメージ

ただ、小学校では関数という用語は出てきません。数学用語として関数が出てくるのは中学校になってからで、比例と反比例を学習した後で、1次関数という章が出てきます。

「ともなって変わる2つの数量x, yがあって、xの値を決めると、それに対応してyの値がただ1つ決まるとき、**yはxの関数である**という」

（新版　中学校数学2　大日本図書）

などの文章で関数が定義されます。この文章は中学校の教科書から引用したものですが、専門書の定義もほぼ似たようなもので

「ある変量xの値に応じて変量yの値が定まるときyはxの関数であるといい、xを独立変数または単に変数、yを従属変数という」

（岩波　数学入門辞典）

となっています。ですから関数という考え方は、中学生から本格的に学んでいるわけです。

ここで大切なことは、xの値を1つ決めるとyの値が1つに定まるということです。関数という言葉は普通の社会でもいろいろな現象を表すときに便利な言葉として使われますが、そのときはxの値に対してyの値が1つに定まるということを脇におくことも多いので注意しましょう。たとえば、議会の議席数は選挙制度の関数だというようないい方もされますが、もちろん選挙制度を決めれば、それに応じて議席数が1つに決まってしまうということはありません。この場合の関数という言葉は一種の比喩です。また、多くの数学書で関数をブラックボックスといういい方で表すことがあります。この場合は入力xに応じて出力yが定まる機械というイメージで関数が表されます。

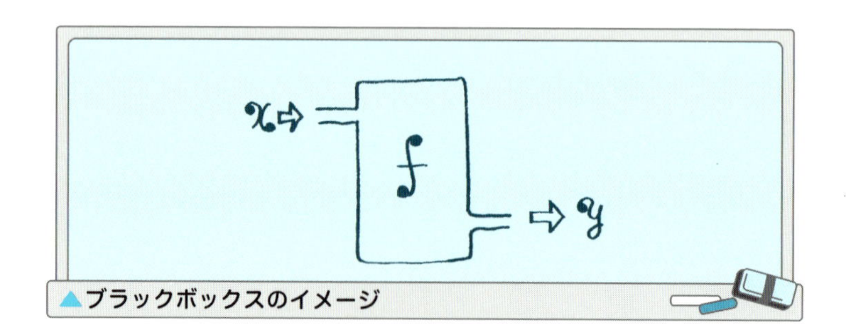

▲ブラックボックスのイメージ

ブラックボックスの場合、たとえば自動販売機などが思い浮かびます。この場合は入力がお金で出力が商品ということでしょうか。ただ、関数は

ブラックボックスだというのはあくまである種の見立てであることは心に留めておきましょう。ブラックボックスはもともとは工学の用語のようで、「からくりは分からないが、ある入力に応じて、一定の出力を与える仕組み」というような意味のようです。からくりは分からないが、という言葉を少し記憶しておいてください。

もう1つ大切なことは、数学の関数の場合は再現性があるということです。再現性があるという考えは自然科学ではよく使われます。ある実験結果が大発見をもたらしたと主張する場合、その実験には再現性がなければなりません。どんな人が実験しても、同じ状況のもとでは同じ結果が得られるということです。再現性のない一回だけの実験では残念ながら科学の対象にはなりえないのです。

関数の場合は、再現性とは同じxに対しては同じyが対応するということです。これは自然科学の実験よりさらに厳密なもので、だいたい同じような値になるというだけでは、数学的な関数とは言えません。たとえばときどき、一日の気温は時刻の関数になるというようないい方がされることがありますが、どんな日でも時刻を決めれば気温が一定に決まってしまうわけではないので、これは数学的な厳密な意味では関数ではありません。特定の一日をとれば、時刻を決めると気温が決まってしまうかもしれませんが、これも特定の一日ということでどんな日にでも通用する再現性はないでしょう。ですから、この場合も気温は時刻の関数といういい方は比喩的な表現と考えたほうがいいと思います。

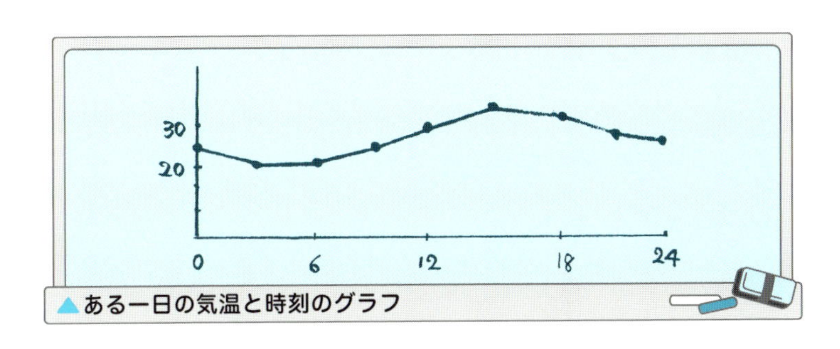

▲ある一日の気温と時刻のグラフ

2.3 いろいろな関数

関数一般を記号$y=f(x)$で表します。記号fは英語のfunctionの頭文字で、機能とか作用、働き、役目という意味です。つまり、$f(x)$はxに働きかけてyを作りだす機能です。このように、ある数量xに対応してfというからくりでyの値が決まる関係が関数です。yの決め方の仕組みfはどのようなものであっても構いません。決め方さえはっきりしているならすべて数学的な意味での関数です。関数が数式で表されている必要はありません。

例

$$f(x)=\begin{cases}1 & (x\text{が無理数})\\ 0 & (x\text{が有理数})\end{cases}$$

この関数は式で表されてはいませんが、立派な関数です。ただし、ある数が無理数かどうかを調べるのは難しい問題で、無理数かどうか分かっていない数はたくさんあります。たとえば

$$f\left(\frac{1}{2}\right)=0,\ f(\sqrt{2})=1,\ f(e)=1,\ f(\pi)=1$$

などですが、$f(\pi+e)$の値が1なのか0なのかはまだ分かっていません。つまり$\pi+e$が無理数かどうかは未解決です。このようにある種の関数では値の決め方のからくりのほうが大事で、値は分からないということもあります。

例 $f(x)=x$を超えない最大整数

具体的に計算してみると、

$$f(\sqrt{2})=1,\ f(\pi)=3,\ f(12)=12,\ f(-1.3)=-2$$

などとなります。

数式で表すと

$$f(x)=n\ (n \leqq x < n+1)$$

です。なんとなくxの整数部分といいたくなります。確かに、xが正数の場合はそれでいいのですが、xが負の場合は、たとえば$f(-4.2)=-5$で常識的な整数部分とはならないので注意してください。

この関数はいろいろなところで使われるとても便利な関数なので、数学ではこれを記号化して

$$y=f(x)=[x]$$

で表し、ガウス記号と呼びます。

$y=[x]$をグラフに描くと次のようになります。

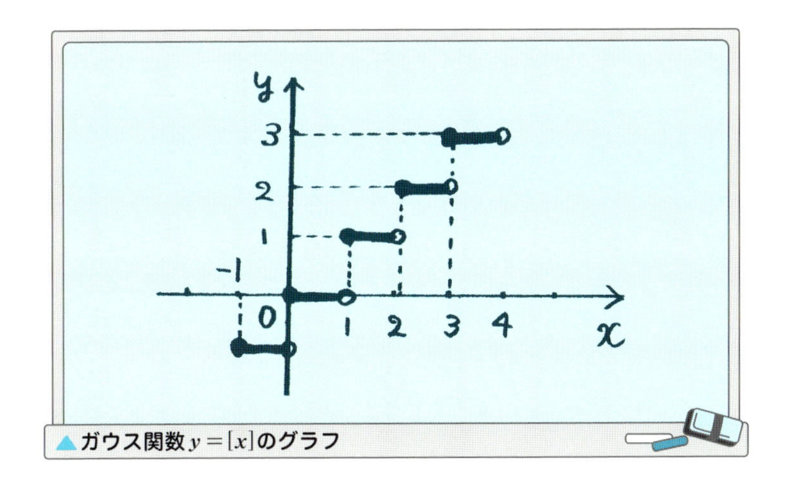

▲ガウス関数$y=[x]$のグラフ

このように言葉で表現される関数もたくさんありますが、中学校、高校で学ぶ関数の多くは数式で表されています。簡単な例が中学校で学ぶ1次関数です。

例　$y=ax+b$

a, bを定数として$y=ax+b$で表される関数が1次関数です。

なお、$a=0$のときも広い意味で1次関数といいます。

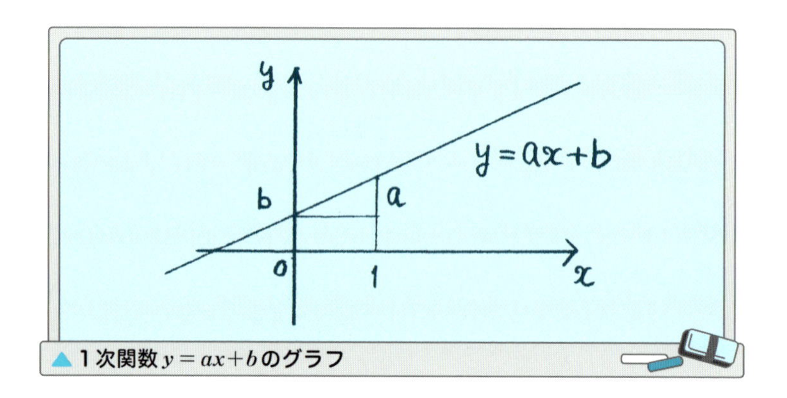

▲1次関数$y=ax+b$のグラフ

1次関数のグラフが直線になることはよく知られています。aを1次関数の傾きといいます。またbはこの直線とy軸との交点でy切片といいます。aはxが1だけ変化したとき、yがどれくらい変化するかを表す数値で、変化率ともいいます。これはあとで微分の一番基礎となる考え方なので少し記憶しておいてください。

2.4 初等関数

私たちが学校で学ぶ関数はすべて数式で表されています。数式で表されているというい方は、じつは微妙な視点を含んでいるのですが、それはそれぞれの関数の所でもう少し詳しく説明しましょう。ここでは初等関数と呼ばれる関数の仲間たちを紹介します。初等関数は全部で7種類あり、そのうち6種類は高等学校までに姿を現します。最後の1つも大切な関数で、これは大学生が学びます。

1. 多項式関数

変数xの多項式として

$$y=a_nx^n+a_{n-1}x^{n-1}+a_{n-2}x^{n-2}+\cdots+a_1x+a_0$$

と表される関数を多項式関数といい、nを多項式関数の次数といいます。特に$n=0$の場合は$y=a_0$という変数xを含まない式になりますが、数学ではこれも関数と考えて、定数関数といいます。つまり、どんな入力xに対しても、いつでも一定の値a_0を出力する関数で、変化しない関数も関数の仲間と考えるのは数学に特有の思考方法です。1次関数$y=ax+b$はもちろん多項式関数で、特に$b=0$である1次関数$y=ax$を正比例関数ともいいます。

多項式関数は次数nが大きくなると複雑になっていきます。いくつかの例を挙げておきましょう。

● 多項式関数のグラフの例　1次関数、2次関数、3次関数

余談ですが、1次関数のグラフはすべて直線で、形としては合同です。つまり平行移動や回転で重ね合わせることができます。一方、2次関数のグラフを放物線といいますが、放物線は形としてはすべて相似になります。つまり、拡大、縮小すれば、平行移動や回転で放物線を重ね合わせることができます。これはなかなか面白い事実です。

多項式関数では、xの値が具体的に与えられたとき、yの値を計算することができます。関数の次数が上がれば、計算は大変にはなりますが、いつでも計算ができます。たとえば、関数

$$y=f(x)=x^3-3x+1$$

の場合、

$$f(3)=3^3-3\times3+1=19$$

などです。

前に関数とはブラックボックスだ、つまり仕組みの分からないからくりだという考え方を紹介しましたが、その視点で見ると、多項式関数はxにyを対応させるからくりが具体的に見えるホワイトボックスです。

多項式関数がホワイトボックスでyの値が具体的に計算できることは少し記憶しておいてください。

2. 分数関数

変数xの多項式の割り算の形になっている関数を分数関数といいます。

$$y=\frac{a_nx^n+a_{n-1}x^{n-1}+a_{n-2}x^{n-2}+\cdots+a_1x+a_0}{a_mx^m+a_{m-1}x^{m-1}+a_{m-2}x^{m-2}+\cdots+a_1x+a_0}$$

ただし、分母の関数の次数mは1次以上とします。定数で割った関数は単に係数が分数になった多項式関数です。

一番簡単な分数関数は

$$y=\frac{1}{x}$$

です。一般には$y=\dfrac{a}{x}$ $(a\neq0)$ですが、これは中学校では反比例として出てくる関数です。この関数は分母を払うことで、積xyが一定でaとなる関数$xy=a$だという言い方もできます。

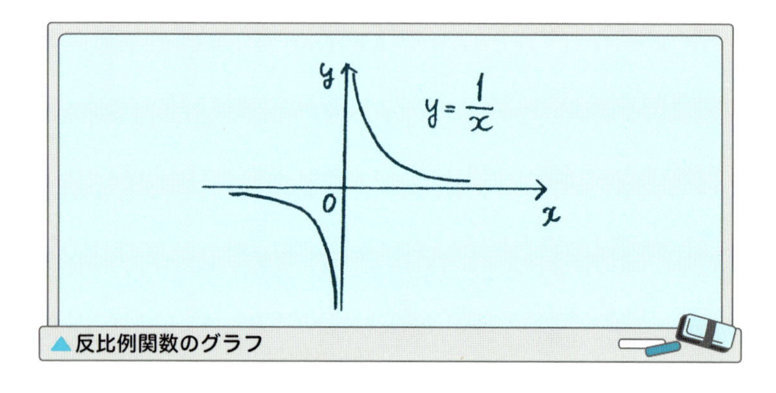

▲反比例関数のグラフ

もう少し複雑な分数関数を挙げておきましょう。

$$y=\frac{x^2+1}{x}$$

この分数関数は分子の次数のほうが分母の次数より大きく、いわば「仮分数」の形をしています。割り算を実行すれば

$$\frac{x^2+1}{x}=\frac{x^2}{x}+\frac{1}{x}=x+\frac{1}{x}$$

として「帯分数」の形の関数$y=x+\dfrac{1}{x}$に直せます。

グラフは次の通りです。

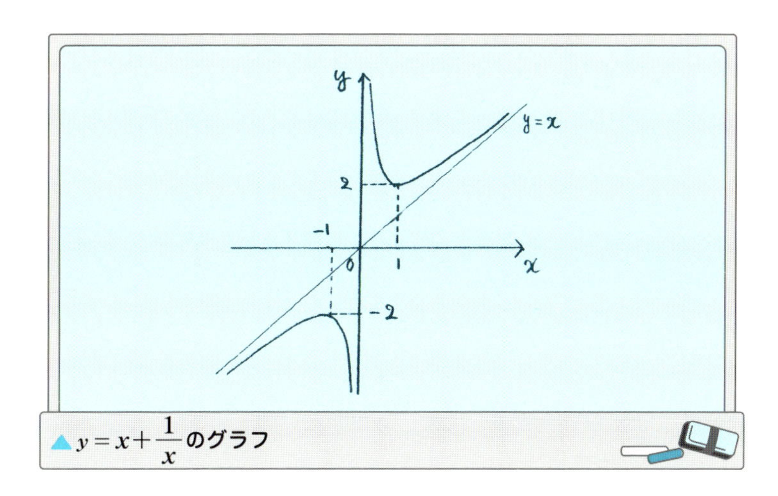

▲$y=x+\dfrac{1}{x}$のグラフ

例

$$y=\frac{x+1}{x^2+1}$$

この関数は$x=-1$で0になり、x軸を漸近線として持つ関数で、グラフは次の通りです。

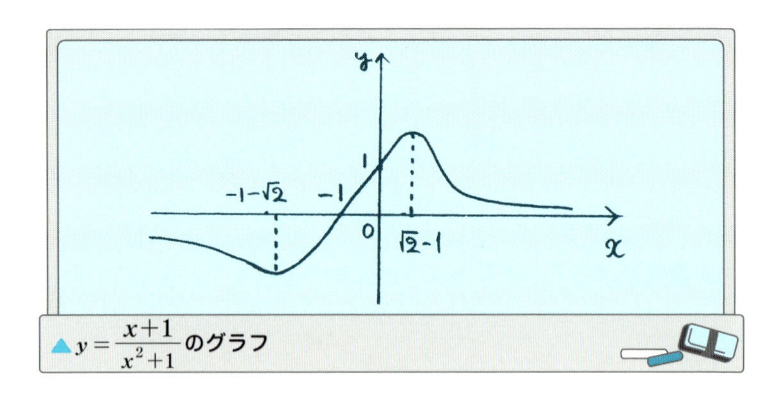

▲$y=\dfrac{x+1}{x^2+1}$ のグラフ

分数関数の場合も分子、分母が多項式ですから、具体的に関数の値を計算することができます。たとえば

$$f(x)=\frac{x^2-3x+2}{x^2+3x+2}$$

の場合

$$f(3)=\frac{3^2-3\times3+2}{3^2+3\times3+2}=\frac{2}{20}=\frac{1}{10}$$

などとなります。

グラフを書くのは大変ですが、大略次の通りです。

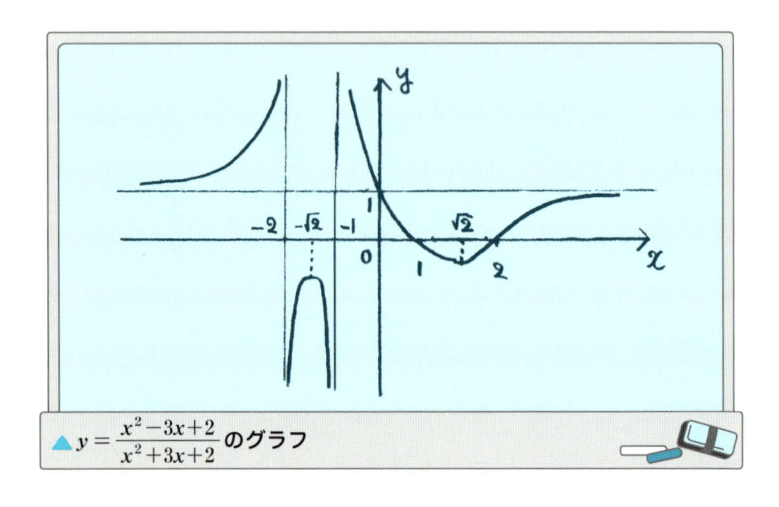

▲$y=\dfrac{x^2-3x+2}{x^2+3x+2}$ のグラフ

多項式関数の場合と同じで、分子、分母の次数が大きくなれば、計算は大変になりますが、計算できることは間違いありません。ですから分数関数もホワイトボックスです。

多項式関数と分数関数を合わせて有理関数といいます。

3. 無理関数

平方根$\sqrt{\ }$やn乗根$\sqrt[n]{\ }$を含む関数です。根号の中は一般に分数関数で構いません。一番簡単な無理関数は$y=\sqrt{x}$で、放物線を半分に切って横に寝かせたグラフになります。

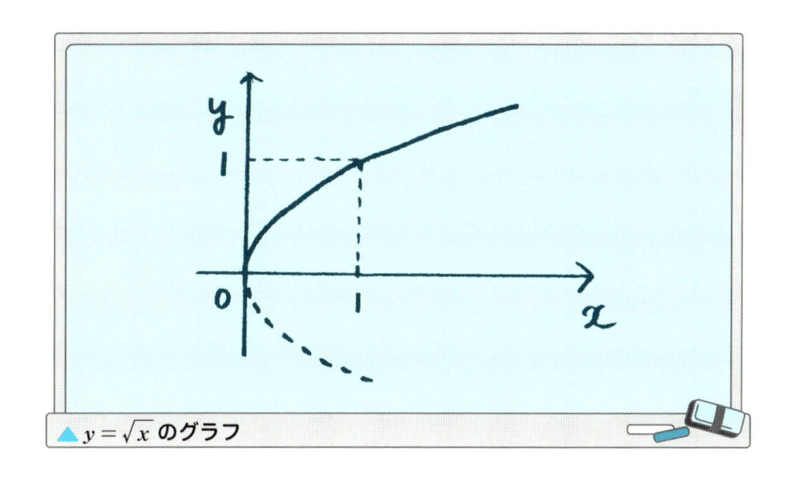

▲$y=\sqrt{x}$ のグラフ

一般の無理関数のグラフを描くのはあまり易しくはありません。1つだけやや複雑な無理関数のグラフを紹介しておきます。

例

$$y=x\sqrt{x+1}$$

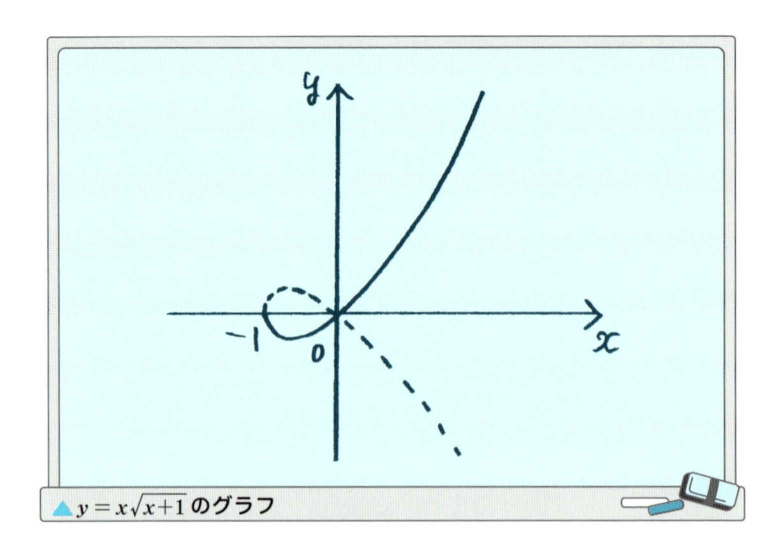

▲$y = x\sqrt{x+1}$ のグラフ

注）　この関数は両辺を２乗して$y^2 = x^3 + x^2$としたほうがグラフの意味がはっきりします。こうすると、上のグラフで点線で示した部分もグラフになります。

無理関数の場合、その値を計算するのはあまり簡単ではありません。というか、普通は値を計算するのは無理です。(だから無理関数という、というのは冗句です)。

一番簡単な無理関数$y = \sqrt{x}$の場合でも、たとえば$x = 2$や$x = 3$の場合の値は$\sqrt{2} = 1.41421356\cdots$, $\sqrt{3} = 1.7320508\cdots$などと記憶している人もいるでしょうが、では$\sqrt{2.5}$の値は?と聞かれて即答できる人はあまりいないのではないでしょうか。以前、筆者はこの値は0.5だという大失態を犯したことがあります。ちなみにこの値は$\sqrt{2.5} = 1.5811388\cdots$となります。賢い電卓君に計算してもらいました。

▲電卓君平方根を計算する

しかし、賢い電卓君でも $y=\sqrt[3]{x}$ で $x=2$ の場合の値、すなわち、$\sqrt[3]{2}$ の値はいくつかと聞かれると普通は黙ってしまいます。電卓君のお兄さんの関数電卓君に助けてもらいました。

$$\sqrt[3]{2}=1.2599210\cdots$$

です。しかし、関数電卓君はこの値をどうやって計算しているのでしょうか。「電卓の中に賢い小人さんがいて…」というのはだめですね。これは少し面白い問題を含んでいるので、あとで考えてみます。いまは、平方根関数や立方根関数などの簡単な無理関数でも、多項式関数や分数関数の場合と違って、関数がどのようなものであるかが分かっていても、具体的に関数の値を計算するのは難しいのだということを記憶しておいてください。つまり、たとえば $\sqrt[3]{2}$ とは「3乗すると2となる数」という日本語を数学語（数学記号）に翻訳したもので、数値を具体的に表しているわけではないのです。その意味では、無理関数は言葉通りのブラックボックスであり、関数のからくりはよく分からないと言えそうです。

有理関数と無理関数を合わせて代数関数といいます。

4. 指数関数

指数関数は高等学校で学びますが、倍、倍を繰り返していくとどうなるか、というような遊びは小学生でも楽しんでいるようです。

こんな昔話があります。

ある知恵者（日本版では曽呂利新左エ門ということですが）が領主にご褒美をもらうことになりました。彼は将棋盤を持ち出して、最初のマス目に1粒の米、次のマス目に2粒の米、次のマス目には4粒の米という具合に、順番に前のマス目の倍の米を置いていき、最後の64マス目の米をいただきたいと言います。領主はなんとまあ、欲のないことかと思うのですが、米粒を置き始めて自分の無知を思い知らされます。最後のマス目の米は2^{63}粒、これは計算してみると

$$2^{63} = 9223372036854775808$$

922京（けい）粒という途方もない数になります。

これを表す関数が指数関数で、今の場合は

$$y = 2^x$$

という関数になります。

この関数のグラフは普通の教科書ではこんな感じに書かれることが多いです。

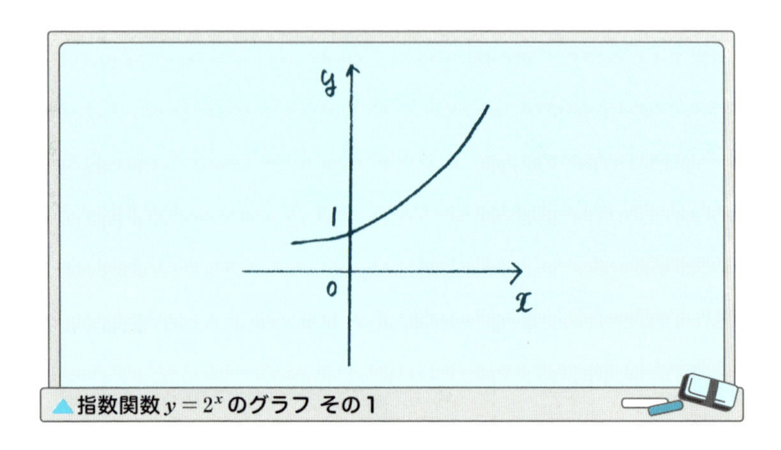

▲指数関数 $y = 2^x$ のグラフ その1

しかし、これはいささか誤解を招きやすいグラフで、これを普通の目盛で書いてみると

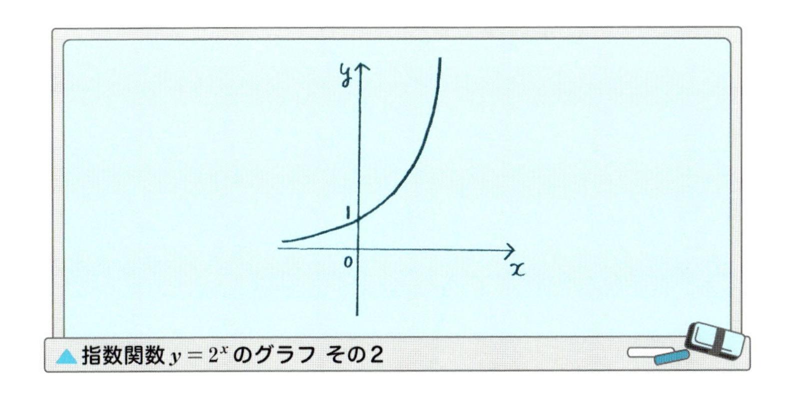

▲指数関数 $y = 2^x$ のグラフ その2

という感じになり、yの値があっという間に増えていくことが分かります。実際に$x = 10$のとき、$y = 1024$ですから、軸の目盛を共通にとると、とてもそのグラフは描ききれないでしょう。そのことを理解したうえで、グラフはなだらかに描きましょう。

さて、指数関数$y = 2^x$の2を指数関数の底といいます。

一般の指数関数は底をaとして

$$y = a^x$$

で表されますが、この時、底aには$a > 0$, $a \neq 1$という条件を付けます。この条件はどうして必要なのでしょうか。

底aを負の数にしてたとえば$y = (-2)^x$などという関数を考えようとすると、xが整数の場合だけを考えても正の値と負の値が交互に出てきてしまい、グラフが落ち着きません。さらに、$x = 1/2$などの場合を考えると、$(-2)^{1/2}$は実数にならないので、困るのです。そのために、普通は底に上のような条件を付けます。

指数関数のグラフは底aが$1 < a$の場合と$0 < a < 1$の場合で少し違ってきます。

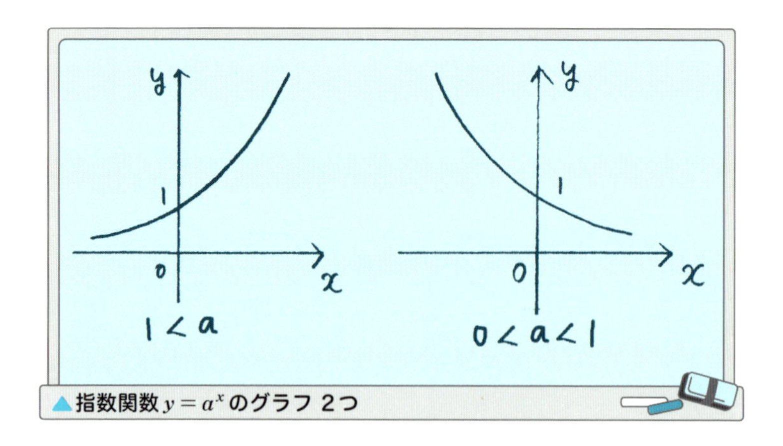

▲指数関数$y=a^x$のグラフ 2つ

微分積分学では指数関数の底をeという数に取り、$y=e^x$とするのが普通です。底eは$e=2.718281828459\cdots$と続く数で超越数という種類の無理数になります。なぜこんな数を底に取るのでしょうか。じつは微分学ではこの数が指数関数の底としてはいちばん簡単にふるまうからなのですが、それは微分の章で詳しくお話しします。

では、指数関数の値は計算できるでしょうか。例として$y=2^x$を考えましょう。xの値が整数なら、関数の値を計算することはできそうです。たとえば、$2^3=8,\ 2^{10}=1024$などです。もちろんxの値が大きくなると計算は事実上できないでしょうが、原理としては$x=n$の場合は

$$\overbrace{2\times2\times2\times\cdots\times2}^{n}$$

として2をn個かければいいのですから、ともかく計算はできそうです。

しかし、xが分数の時はどうでしょう。たとえば$x=39/50$などのときは、指数の定義から

$$\begin{aligned}2^{\frac{39}{50}}&=\sqrt[50]{2^{39}}\\&=\sqrt[50]{549755813888}\end{aligned}$$

つまり549755813888の50乗根を計算することになり、これはとても計算できそうにありません。こんどもコンピュータに頼ると、

$$2^{\frac{39}{50}} = 1.71713087$$

という値が求まりますが、コンピュータはこの値をどうやって計算しているのでしょうか。実際、$2^{\frac{39}{50}}$は前の言葉でいえば「50乗すると2の39乗となる数」の数学語訳で、普通はコンピュータの助けを借りなければ、数値で表すことはできません。これももう少し後で考えてみます。ここでは、指数関数の場合も具体的な計算はできないことを覚えておいてください。

5. 対数関数と逆関数

対数関数の話をする前に少しだけ逆関数の話をしておきましょう。

● 逆関数

関数を$y=f(x)$と書くことは前にお話ししましたが、このxとyを入れ替えた関数$x=f(y)$を元の関数の逆関数といいます。xが動くとそれに伴って$f(y)$で表されるyが動きます。ですから、逆関数を考えるときはすべてのxとyを交換して考えればいいのです。関数$y=f(x)$のグラフが与えられているとき、その逆関数$x=f(y)$のグラフは次のようになります。

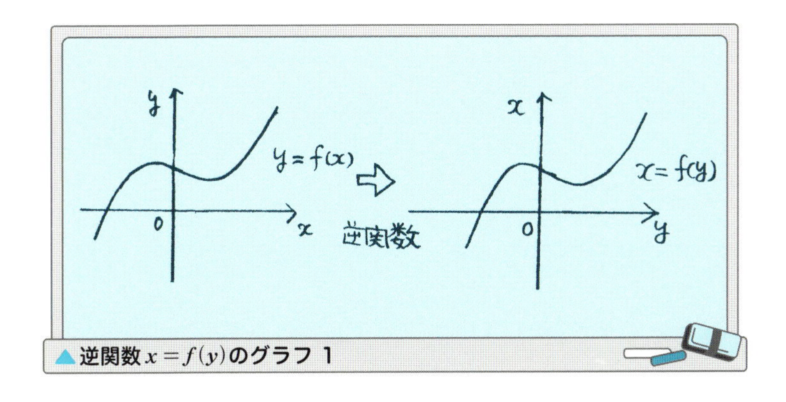

▲逆関数$x=f(y)$のグラフ 1

大切なことは、記号xと記号yを入れ替えるだけで、ほかは手を付けてはいけないということです。これが逆関数のグラフなのですが、xとyを入れ替えることで、普通の座標軸の取り方と違って、横軸がy軸、縦軸がx軸になってしまいます。座標軸の取り方は一種の約束ですから、どう取ってもいいのですが、やはり普通と違うと見づらい。そこで座標軸を普通の位置に戻すと、元の座標軸での逆関数のグラフが求まります。

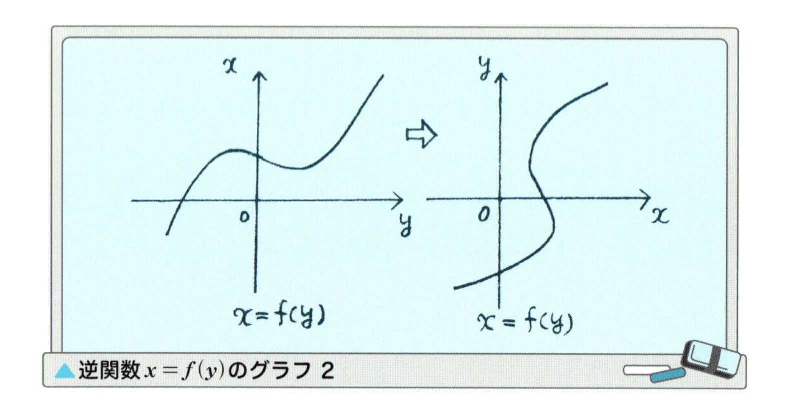

▲逆関数$x=f(y)$のグラフ 2

2つほど大切な注意をしておきます。1つは、このようにして逆関数を決めると、場合によっては1つのxの値に対してyの値が1つに決まらなくなる場合があることです。その場合はyの値の範囲に制限をつけてyの値が1つに決まるようにします。もう1つ、$x=f(y)$はxとyの関係を表しているので立派な関数ですが、私たちは普通はyをxの式で表して関数を表現しています。これはちょっと面白い視点を提供するのですが、それは具体的な逆関数のところでお話ししましょう。

例　$y=x^2$の逆関数

手続きに従って逆関数を求めると図のようになりますが、yの値を1つに決めるため、普通は$y \geqq 0$という制限をつけます。この関数をyについて解いたものを$y=\sqrt{x}$と書いているのです。

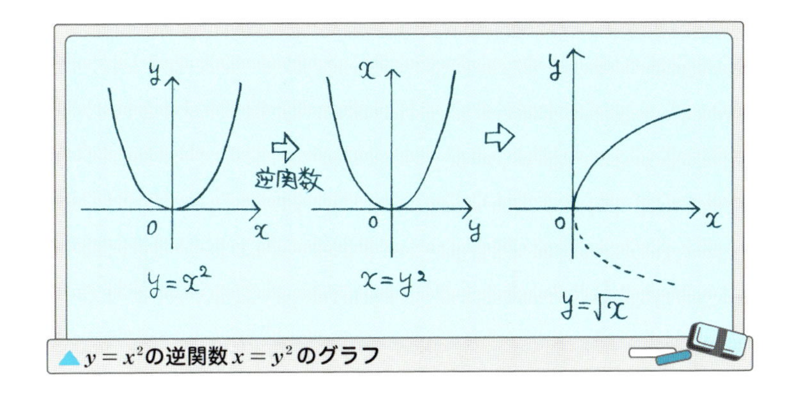

▲$y=x^2$の逆関数$x=y^2$のグラフ

これを指数関数に当てはめて、指数関数の逆関数を求めてみましょう。

指数関数は$y=e^x$ですから、逆関数はxとyを入れ替えて$x=e^y$となります。この関数を対数関数といいます。グラフを描いてみましょう。

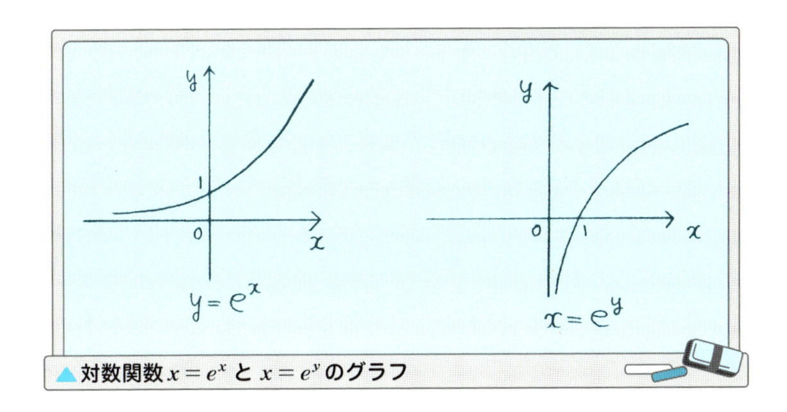

▲対数関数$x=e^x$と$x=e^y$のグラフ

これで対数関数のグラフが求まりました。

ところで、前に注意したように、私たちはいままで関数を変数xをもとにして、yがxのどんな式で表されるかと考えてきました。ですから関数は"$y=$"の形で書くのが普通です。対数関数$x=e^y$の場合もこれを"$y=$"の形で表したいのです。ところが、残念なことに$x=e^y$はどうしても"$y=$"の形に解くことができないのです。

こんな時、数学はうまいアイデアを考えつきました。それは新しい記号（数学語）を導入して「解けたことにしてしまおう」というアイデアです。未知のものに名前をつけ、分かったことにしてしまう。これは人の文化の1つの表れでもありました。こうして、私たちは対数関数$x=e^y$について、これをyについて解いた形を、新しい記号log（ログ）を導入して

$$y=\log x$$

で表すことにして、この関数に対数関数という名前をつけたのです。ですからこの記号は$x=e^y$と同じことを表しています。したがって対数関数の性質はすべて指数関数の性質を調べることによって求めることができます。いくつかの性質を紹介しておきます。

例　$\boldsymbol{\log x_1 x_2 = \log x_1 + \log x_2}$

$\log x_1 = y_1$, $\log x_2 = y_2$とすれば対数関数は指数関数の逆関数なので

$$e^{y_1}=x_1,\ e^{y_2}=x_2$$

です。したがって、指数法則より

$$\begin{aligned} x_1 x_2 &= e^{y_1} e^{y_2} \\ &= e^{y_1+y_2} \end{aligned}$$

となり、これをもう一度対数関数で書き直すと、$y_1+y_2=\log x_1 x_2$ですから、

$$\log x_1 x_2 = \log x_1 + \log x_2$$

が得られます。

例　$\boldsymbol{\log x^a = a\log x}$

$\log x = y$とすれば、$x=e^y$です。

両辺をa乗すると、

$$
\begin{aligned}
x^a &= (e^y)^a \\
&= e^{ay}
\end{aligned}
$$

です。これをもう一度対数関数の表記に戻せば、$ay = \log x^a$となり、

$$\log x^a = a \log x$$

が得られます。

一般に指数関数$y = a^x$の逆関数$x = a^y$を$y = \log_a x$と書いて、aを対数関数の底といいます。

このように、対数の性質とは反対のほうから見た指数法則に他ならないのです。

結局、対数関数とは裏側から見た指数関数です。指数関数は具体的な計算ができませんでした。ですから、対数関数でも、xの特殊な値を除くと具体的な計算はできないのが普通です。ところが、高校の数学の教科書などには、付録に対数表というのがついていて、それを見ると具体的な対数の値が書いてあります。実用として使う対数は底を10にとるのが普通で、これを常用対数ということがあります。たとえば、常用対数表を見ると、$\log 2$の値として0.3010と書いてあります。これは$\log 2 = 0.3010$ということで、すなわち、

$$10^{0.3010} = 2$$

を表しています。小数を分数で表せば、$10^{3010/10000}$ですから、

$$\sqrt[10000]{10^{3010}} = 2$$

ということです。とても計算できそうにありません。したがって、対数関数も文字通りのブラックボックスです。これらの数値はどうやって計算されたのでしょう。ここでも前のいくつかの関数でみてきたように、具体的には計算できない関数の例があるようです。これらの疑問については後で触れましょう。

6. 三角関数

三角関数は高校生が学ぶもっとも大切な関数の1つです。それは三角関数が円運動や振動と密接な関係を持つ関数だからですが、普通は三角関数を三角比の拡張と考えることが多いようです。

直角三角形は直角以外の1つの角が同じならすべて相似(2つの角が等しいので)になりますから、直角以外の角を1つ決めれば、辺の比が一定に決まります。これを三角比といいます。

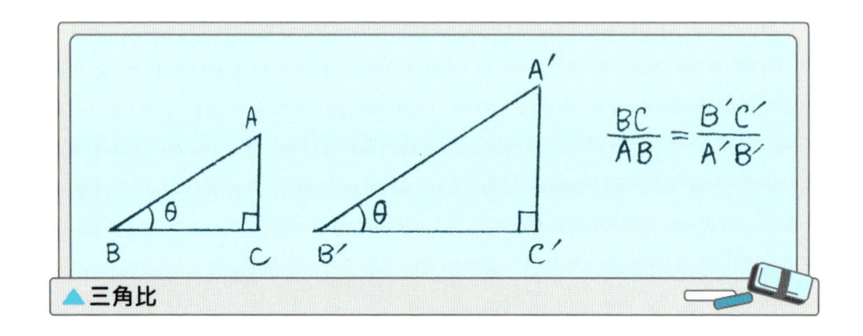

▲三角比

普通、三角関数は三角比の鈍角への拡張という視点から導入されますが、ここでは三角関数を円運動と結び付けて導入します。

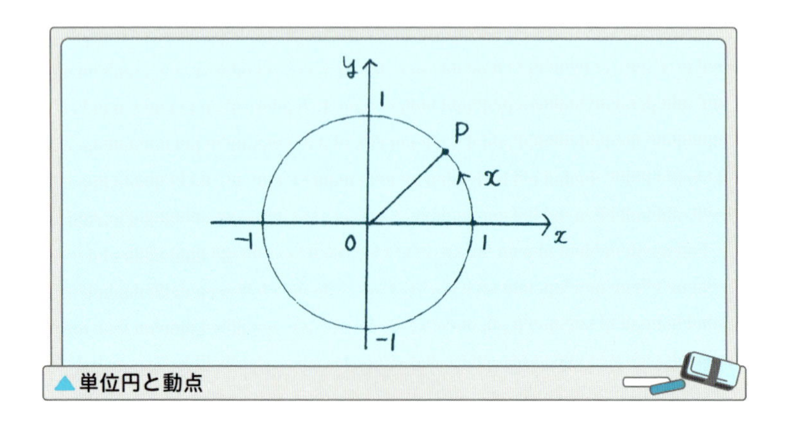

▲単位円と動点

半径1の単位円周上を時計と反対方向(これを正の方向という)に回転運動している点を考えます。この点が定点(1, 0)から円周に沿って移動した距離をxとして、その点をPとします。点Pのx座標を$\cos x$、y座標を$\sin x$と書いて、それぞれコサイン、サインといいます。また、$\cos x$と$\sin x$の比を$\tan x$と書いてタンジェントといいます。

$$\tan x = \frac{\sin x}{\cos x}$$

です。

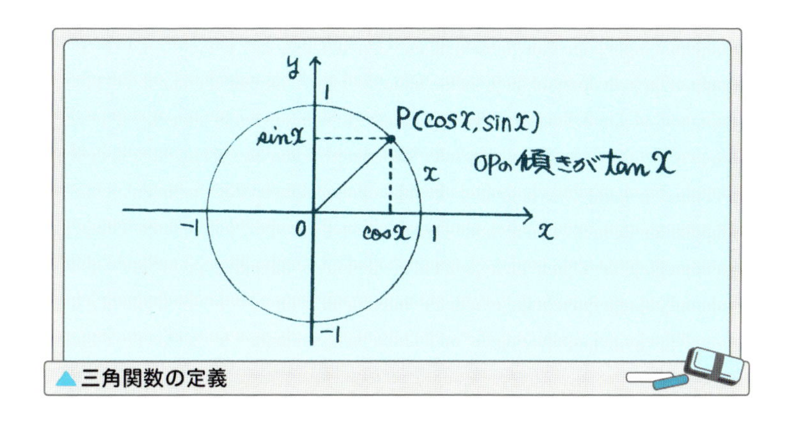

▲三角関数の定義

単位円上の動点は一回りすると元に戻ってきますから、その点の座標は元と同じになります。単位円の円周の長さは2πですから、三角関数が2πを周期として同じ値をとることは定義から直接に分かります。また、円周上の特別な点（ちょうど半分だけ移動した点やちょうど1/4だけ移動した点など）の座標はすぐに分かりますから

$$\cos 0 = 1,\ \sin 0 = 0,\ \cos\frac{\pi}{2} = 0,\ \sin\frac{\pi}{2} = 1,\ \cos\pi = -1,\ \sin\pi = 0$$

などの値は計算することなしに図形から読み取ることができます。しかし、たとえば$\sin 1.7$の値がいくつになるのかは図から読み取ることはできません。三角関数は円周の長さを基本にした関数です。ですから、その値は単位の長さを1ではなくて半円周の長さπにすると分かりやすいと考えられます。つまり、半円周の長さπを単位の1と考えると、sinは動点Pのy座標の

値ですから、$\sin 1 = 0$, $\sin\frac{1}{2} = 1$などとなるのです。ただし、こうすると、1とπという2つの単位が混在することになって話が分からなくなってしまいます。そこで単位の長さπを明記して$\sin\pi = 0$, $\sin\frac{1}{2}\pi = 1$と表すのです。この単位を普通はラジアンと呼びます。

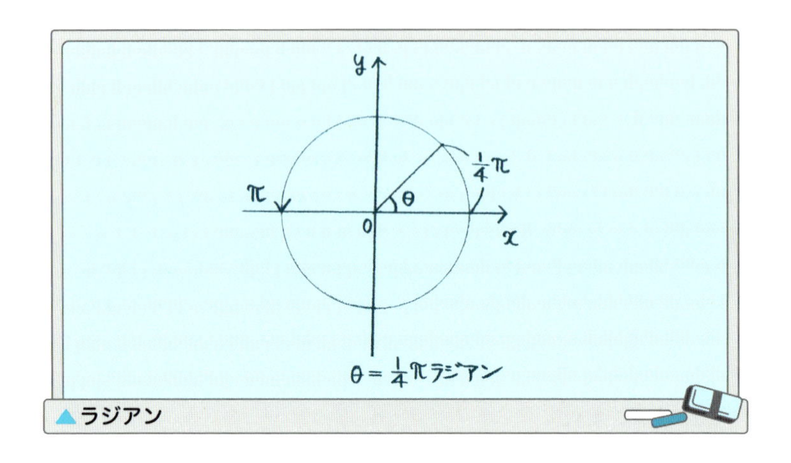

▲ラジアン

結局ラジアンとは半円周の長さπを単位として角の大きさを表す単位系なのです。この単位系を使うと特定の角の三角関数の値は図から求めることができます。

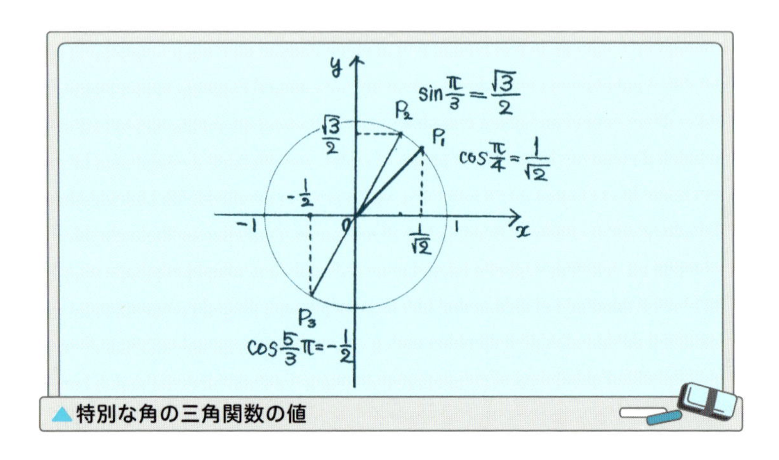

▲特別な角の三角関数の値

ふたたび、特殊な角の場合を除いて、三角関数の値も、具体的に計算することはできません。大きな図を正確に描いて、そこから座標を読み取るというのは冗句です。

7. 逆三角関数

これまでの関数はすべて高等学校までに出そろいます。ところで、その6種類の関数を眺めてみると、面白いことが分かります。それは三角関数を除いて、すべての関数の逆関数が出てきているということです。たとえば、分数関数

$$y=\frac{x-1}{x+1}$$

の逆関数は

$$x=\frac{y-1}{y+1}$$

ですが、yについて解けば

$$y=-\frac{x+1}{x-1}$$

となり同じ分数関数の仲間になります。

また、分数関数

$$y=\frac{x}{x^2+1}$$

の逆関数は

$$x=\frac{y}{y^2+1}$$

で、これはyについて解くと

$$y=\frac{1+\sqrt{1-4x^2}}{2x}$$

という無理関数になります。(複号は＋を取りました)

指数関数と対数関数が互いに他の逆関数になっていることは定義から明らかですから、結局、高等学校までに学ぶ関数のうち、三角関数だけがその逆関数が出てこないのです。

では最後に三角関数の逆関数を紹介しましょう。

● $y=\sin x$の逆関数

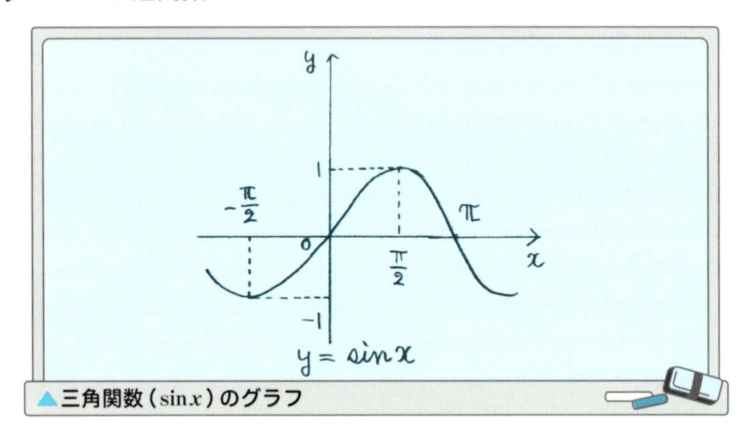

▲三角関数($\sin x$)のグラフ

逆関数とはxとyを総入れ替えした関数でした。ですから、$y=\sin x$の逆関数は$x=\sin y$で、グラフは次のようになります。

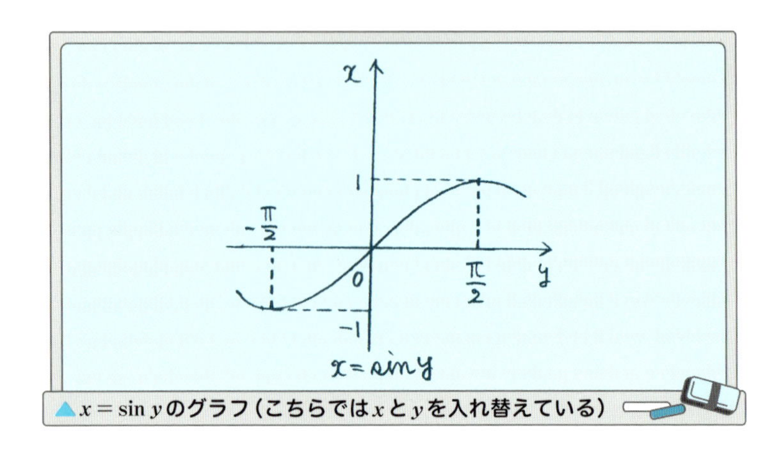

▲$x=\sin y$のグラフ(こちらではxとyを入れ替えている)

これで$y=\sin x$の逆関数が求まったのですが、このままではx軸とy軸の位置や向きが逆なので少し見づらいです。座標軸を普通の位置に戻し、同時に$x=\sin y$を$y=\cdots$の形に書き直したいのです。座標軸を普通の位置に戻すのは簡単で、座標平面を正方向に90度回転し裏返せばいいのですが、じつは指数関数の逆関数である対数関数の場合と同様に、$x=\sin y$は私たちが知っている記号を使っては、どうしても$y=\cdots$の形には直せません。それで、数学ではこんな時のために新しい記号を導入して、$x=\sin y$を$y=\sin^{-1}x$と書くことにしました。これをアークサインと読みます。

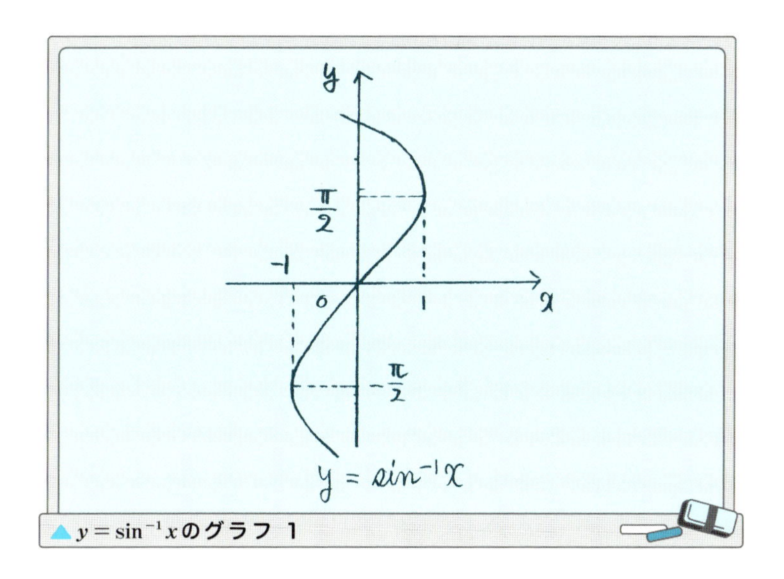

▲$y=\sin^{-1}x$のグラフ 1

ところが、この対応には1つ大きな欠陥があります。それはグラフがy軸に対して波を打つようになるので、xの1つの値に対してyの値が1つに決まらないということです。これでは関数と呼べないので、yの値が1つに決まるような工夫をしましょう。そのためにyの値の範囲に制限をつけます。この制限はyの値が1つに決まるようならどんな制限でもいいのですが、普通は

$$-\frac{\pi}{2} \leqq y \leqq \frac{\pi}{2}$$

という制限をつけます。こうして$y = \sin^{-1} x$のグラフが完成します。

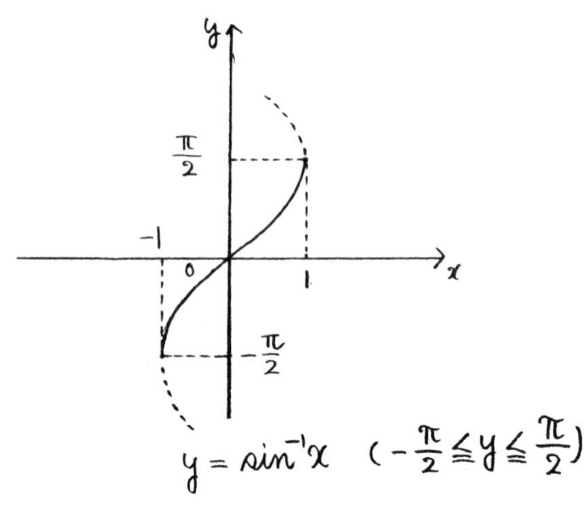

▲$y = \sin^{-1} x$のグラフ 2

全く同様にして、$y = \cos x$, $y = \tan x$の逆関数$y = \cos^{-1} x$, $y = \tan^{-1} x$（それぞれアークコサイン、アークタンジェントと読みます）が決まります。

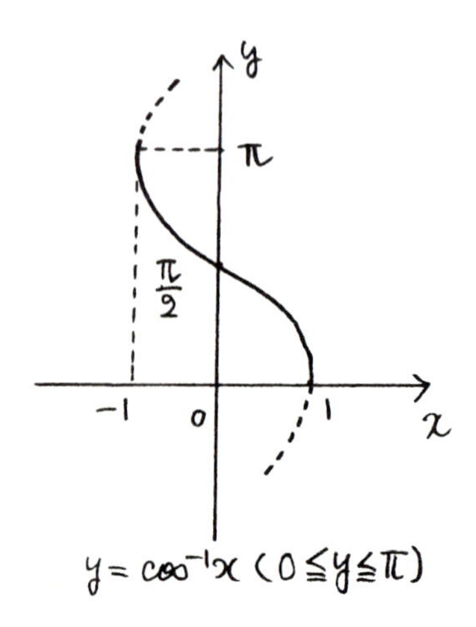

▲$y = \cos^{-1} x$のグラフ

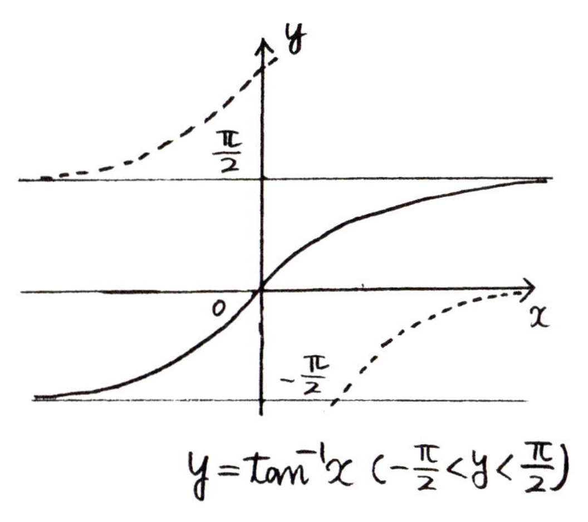

▲ $y = \tan^{-1} x$ のグラフ

これですべての初等関数が出そろいました。指数関数、対数関数、三角関数、逆三角関数の4つを初等超越関数といいます。また、一般にこの7つの初等関数に四則演算と合成（と代数方程式を解くこと）を施した関数を広い意味での初等関数と呼びます。

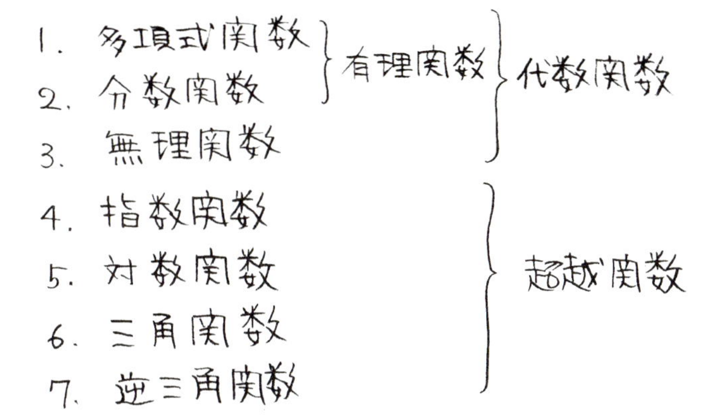

例　広い意味での初等関数

$$y=x^{x^2},\ y=\log\left(x+\sqrt{x^2-1}\right),\ y=\frac{\sin x}{x},\ y=\frac{1}{1+\sqrt{x^2+1}}$$

無理関数も含めて、初等超越関数と無理関数では、関数の値を具体的に計算することができません。その意味では、これらの関数は「数式で表されている」といっても、多項式関数や分数関数の数式とは決定的に異なっています。多項式関数、分数関数の数式が計算できるxの式になっていたのに対して、これらの関数では、数式とは日本語を数学語に翻訳した式という意味なのです。たとえば、三角関数$y=\cos x$という「数式」は「単位円上を回転運動している点Pが、点(1, 0)から円周にそって測ってxだけ移動したときの点Pのx座標」という日本語を数学語に翻訳したものに他なりません。その意味では数式とはいえないという見方もできそうです。つまり、これらの関数は字義通りのブラックボックスなのです。これらのブラックボックスたちのからくりを解明し、具体的な関数の値が計算できるようにすること、これも微分積分学の大きな役割の1つです。

以下の章ではこれらの関数についてその微分や積分を考えていきましょう。

第3章

微分学の方法
極限の考え方

3.1 拡大してみる

私たちは地球という球面の上で生活しています。地球が丸いということは、今では誰でも知っているし、実際に宇宙空間から見た丸い地球の写真を見ることもできます。しかし、昔の人は自分が見たとおり、地球は平たいと思っていたでしょうし、私たちが普通に生活しているとき、地球が丸いということを実感することはないでしょう。地面は平たく平面になっています。

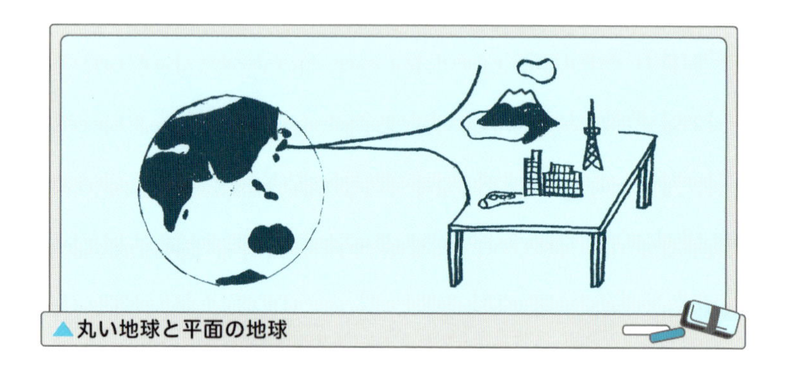

▲丸い地球と平面の地球

なぜ地球が丸いと実感できないのでしょうか。それは地球の大きさに比べて私たちがあまりに小さいからです。地球の本当に一部分しか見ていないため、球面とは思えず平たい平面だと感じています。逆に言えば、私たちは丸い球面が平面に見えるほど地球を拡大して眺めているのです。

同じことを曲線で試してみましょう。

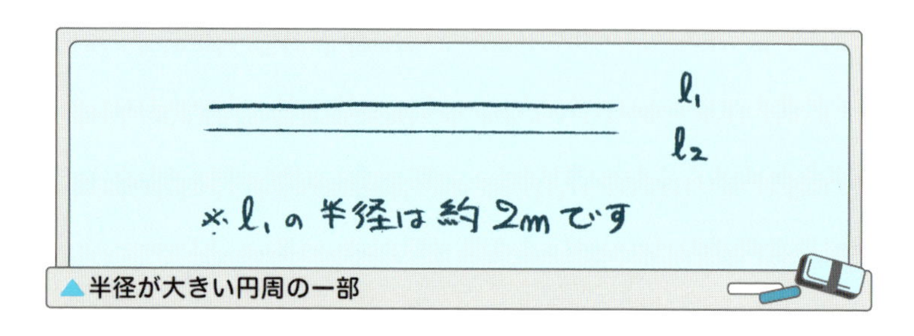

▲半径が大きい円周の一部

この本の上に描ける円の大きさは多分せいぜい半径が10cmくらいではないでしょうか。前の図のℓ_1とℓ_2をみて、どちらが円周でどちらが直線か分かるでしょうか。この円ℓ_1の半径は2m位ですから、地球に較べると微々たるものです。しかしその一部分を切り取ってみると、私たちにはどちらが円周でどちらが直線なのか見分けることができません。同様に、一円玉の縁を顕微鏡で拡大して見ると、視野の半分を横切る直線が見えます。

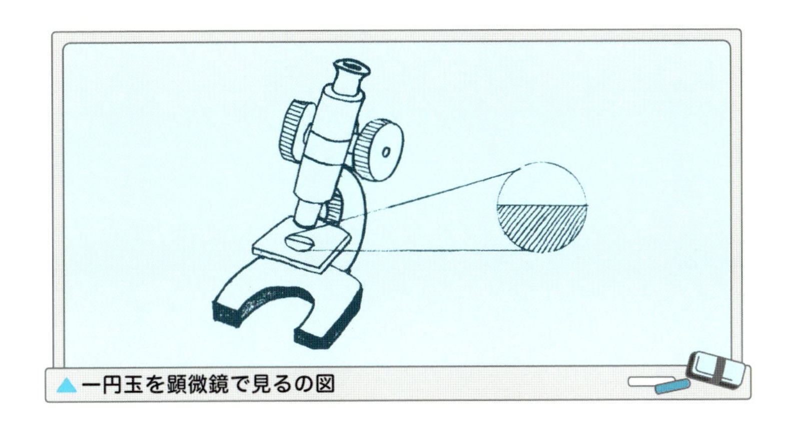

▲一円玉を顕微鏡で見るの図

これが微分という考え方のもっとも基本となるものです。複雑に変化しているように見えるものでも、一部分を拡大してみれば、その変化は単純化される。その単純な変化を調べ、それを繋ぎ合わせることによって、変化の様子を知ることができるのです。

3.2 変化量

第1章で微分という考え方の基本を、速度を例にとって考えました。自動車の速度は時々刻々と変化しています。しかし、ごく短い時間をとり、その時間内では一定の速さで走っていると考え、移動距離を時間で割って速度を出します。この速度は、この短い時間内では自動車の速さを表していると考えてよい。ごく短い時間では均質とみなそうということです。ちょうど、本当は1円玉は曲がっているのですが、ごく小さい部分だけを拡大して考えると、1円玉の曲がり方は無視できて、直線とみなしていいのと同じです。このアイデアを数式を使って表現したものが微分に他なりません。ここからは数式を使ってこの考えを説明していきます。

関数$y=f(x)$の$x=a$での値を$f(a)$とします。xがaからhだけ変化したときの関数の変化量$f(a+h)-f(a)$を考えましょう。この変化量はもちろん関数によっても違いますし、xの変化量hがどれくらいかによっても違います。hが大きくなれば、変化量$f(a+h)-f(a)$も大きくなるでしょうし（ただし、これは関数によってずいぶん違いますが）hが小さければ変化量も小さいでしょう。ですから、関数の変化量そのものを見てもあまり意味がなく、xがどれくらい変化すればyがどれくらい変化するのかという割合、つまりxの1当たりの変化に対するyの変化の割合が大きな意味を持ってきます。そこで

$$\frac{f(a+h)-f(a)}{h}$$

を考え、この値を$x=a$からxがhだけ変化したときの関数$f(x)$の平均変化率といいます。これが以前にお話しした自動車の平均速度（21ページ）に他なりません。時間hの間は自動車は一定の速度で走っていると考えて、速度を求めているのです。hがごく短い時間なら、この時間の中では速度が一定だとしよう、と考えるのはとても自然な仮定です。

前にお話ししたように、平均速度を考えるのは1時間当たりの速さ、つまり1当たり量を考えることです。したがって、単位を無視して考えれば、平均変化率とは$x=a$の近くではxが1だけ変化するとyがどれくらい変化するのかを表す量（1当たり量）で、図解すると次のようになります。

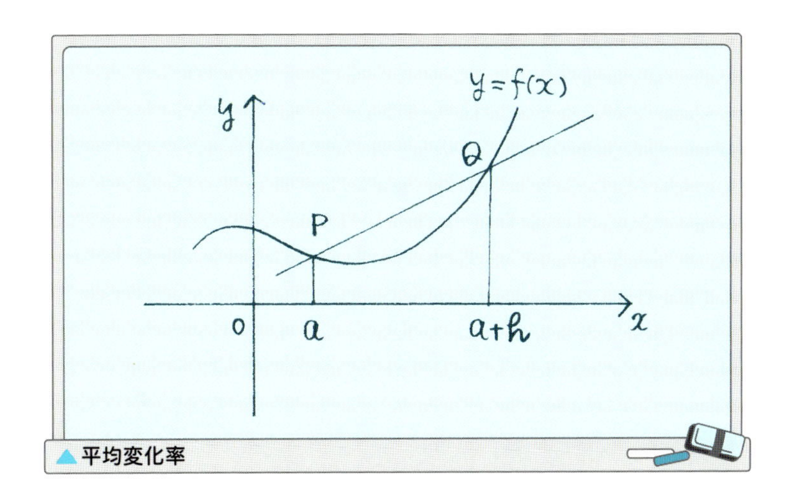

▲平均変化率

ですから図形的に考えると、平均変化率とは図の直線PQの傾きに他なりません。1つ重要な注意をしておきましょう。平均変化率はどの場所で考えているのかが大切で、つまり$x=a$から$x=a+h$までの平均変化率は意味を持ちますが、関数全体の平均変化率という言葉はありません。

ところで、前にお話ししたように、平均変化率はxの変化量hが大きいとあまり意味がありません。速度でいえば、ある程度大きな時間経過を考えると、速度が一定であるという仮定が成り立たなくなってしまいます。そこでxの変化量hを小さくするのですが、もし$h=0$にしてしまえば、yの変化量$f(a+h)-f(a)$も$f(a)-f(a)=0$となってしまいます。この場合は平均変化率は0/0で意味を持たないでしょう。しかし、2つの変化量の比

$$\frac{f(a+h)-f(a)}{h}$$

はhを小さくしていったとき、一定の値に落ち着くかもしれません。もしこの比の値がhをどんどん小さくしていったときに一定の値に落ち着くなら、それが$x=a$での関数の変化量になるでしょう。xがaに留まっているなら関数は変化していないので、その点での関数の変化量という言葉はいわば形容矛盾です。しかし、比の値が一定の量になっていくなら、そう呼

ぶことには十分な理由があります。この値、つまりhをどんどん小さくしていった時の平均変化率の落ち着く先を普通は$y=f(x)$の$x=a$での微分係数といい、$f'(a)$と書くのです。数式で書くと

$$f'(a)=\lim_{h\to 0}\frac{f(a+h)-f(a)}{h}$$

となります。$\lim\limits_{h\to 0}$はhをどんどん小さくしていくという記号でlimはリミットと読みます。この式の意味を日本語で表現すれば、

「hをどんどん小さくしていくと、比$\dfrac{f(a+h)-f(a)}{h}$の値は一定の値$f'(a)$に落ち着く」

となります。普通はこれを、比$\dfrac{f(a+h)-f(a)}{h}$の値は$f'(a)$に収束するといいます。

$f'(a)$が求まるとき、関数$f(x)$は$x=a$で微分可能であるといい、微分係数$f'(a)$を求めることを、関数を$x=a$で微分するといいます。また、すべてのaで微分可能な関数を微分可能な関数といいます。これからは微分可能な関数だけを考えていきます。

●定義

関数$y=f(x)$に対して

$$\lim_{h\to 0}\frac{f(a+h)-f(a)}{h}$$

が収束するとき、その値を$f'(a)$と書き、関数$f(x)$は$x=a$で微分可能であるといい、$f'(a)$を微分係数という。

このように、hをどんどん小さくしていく（以降$h\to 0$と書く）という操作を数学では極限をとるという言葉で表し、記号$\lim\limits_{h\to 0}$で書くことにしました。

これが中学校までの数学と高等学校の数学を分ける1つの分水嶺ですが、記号 $\lim_{h \to 0}$ が少し分かりにくいのも確かです。極限という考え方をもう少し詳しく説明しましょう。

3.3 極限をとるということ $\varepsilon-\delta$ 論法

まえに、比

$$\frac{f(a+h)-f(a)}{h}$$

の値が h を小さくしていくと一定の値（この値を $f'(a)$ と書きました）に落ち着くとき（数学用語では収束するとき）、という言い方をしました。これはおおざっぱに言えば、h がとても小さい時はだいたい

$$\frac{f(a+h)-f(a)}{h} \sim f'(a)$$

が成り立つということです。～はここでは「だいたい等しい」という意味で使います。

微分の考え方とは、大胆にいってしまえば、だいたい等しいものは等しいと考えよう、1円玉の縁だって拡大すればまっすぐに見えるでしょ、ということなのですが、これでは余りにおおざっぱなのではないか、という感想を持つ方も大勢いると思います。これをもう少し厳密に数学的に表現したものが $\varepsilon-\delta$ 論法といわれる数学特有の考え方に他なりません。この論法を普通の数学書とは少し違った角度から眺めてみましょう。

それは $\frac{f(a+h)-f(a)}{h}$ と $f'(a)$ との違い（誤差）を ε とすれば、

$$f'(a)+\varepsilon=\frac{f(a+h)-f(a)}{h}$$

となっていて、$h \to 0$のとき$\varepsilon \to 0$になっているということです。

もう少し日常的な言葉で言えば、誤差εは変化量hを小さくしさえすれば、いくらでも望むだけ小さくできるということです。大切なことは、変化量hと誤差εをとる順序と、誤差はいくらでも望むように小さくできる、ということです。先に誤差εを与えておき、誤差をこれくらいに抑えたいが、変化量をどのくらい小さくとればよいか、と考えるのです。別の角度から見ると、「誤差をεくらいに抑えたいが、変化量hをどのくらい小さくとればよいか、分かりますか？」という問いかけに対して、「はい。変化量hをδより小さくとっておけば、誤差はε以内に収まります。数式で書けば

$$|h| < \delta \text{ならば} \left| \frac{f(a+h)-f(a)}{h} - f'(a) \right| < \varepsilon$$

が成り立ちます」

と答えられるということです。この「変化量hをどれくらいにとればよいのか」は希望する誤差εに応じて決まります。さらに別の角度から見ると、この事実が成り立つなら、誤差を検出しようとして、誤差の大きさを設定しても、それに応じて変化量を小さくとれば誤差は検出できないということになります。検出できない誤差はないものとしよう、これが微分の精神に他なりません。

▲変化量問答

この考え方を$\varepsilon-\delta$論法と呼びます。誤差をε以内に抑えるためには、変化量hをδより小さくとればよいということです。

この論法は進んだ数学に特有なもので、極限の考え方を数学としての論理の上に乗せるために考え出されました。最初は少しとっつき難いため、昔から進んだ数学を学ぶ上での1つの関門になっているとも言われてきました。しかし、私はそんなことはないのではないか、と考えます。上に説明した通り、これは日常生活のなかでも十分に活用できる考え方です。たとえば、製品の精度をこれくらいに上げるためには、工作機械の精度をどれくらいあげればよいかと考えてみてください。製品に許される誤差がεで、それを実現するための工作機械の精度がδです。

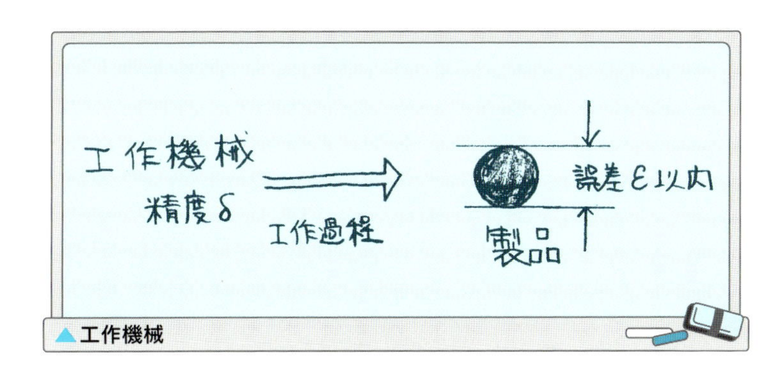

▲工作機械

また、似たような考え方は統計学でも使われるようです。つまり、結論の誤差をこれくらいに抑えるためには、検査する標本の数をどれくらいにすればよいか、などです。あるいは、この論法は後出しじゃんけんに似ているといえるかもしれません。後出しじゃんけんは相手の出したものを見てからこちらの出すものを決めればいいので、後手必勝です。先手は誤差εを出しました。後手はそれに応じて変化量δを出して、相手の誤差に勝ちます。先手がどんなに小さな誤差を提示しても、後手はかならずそれに対応して、誤差がそれ以内に収まる変化量を提示できる、これが極限の考え方です。

以上のことを数学では新しい記号limを使って、

$$\lim_{h \to 0} \frac{f(a+h)-f(a)}{h} = f'(a)$$

と書いたのです。日本語では

hを0に近づけるとき、$\dfrac{f(a+h)-f(a)}{h}$は$f'(a)$に収束する

と読みます。微分積分学、もう少し広く解析学とは、関数の加減乗除という四則演算に加えて、五則目の計算として極限演算を考える数学です。

この極限演算と関数の四則演算との間にはどんな関係があるのでしょうか。

それについては最後の章でまとめて微分積分学の計算の技法としてお話ししようと思うので、それまで待ってください。では次の章で、もう少し詳しく微分について考えます。

第1部　微分積分学の考え方

第4章

関数の微分

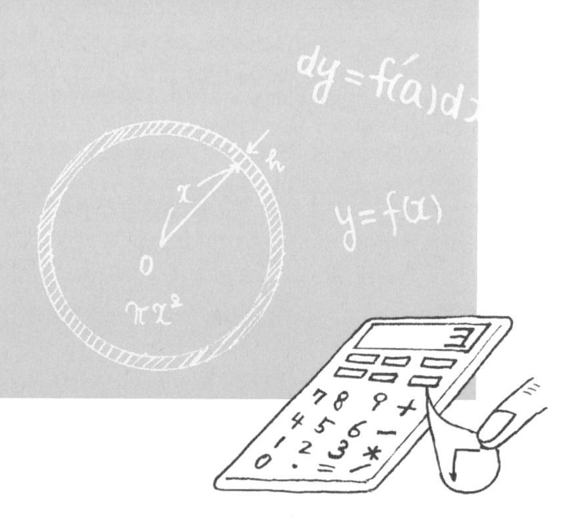

4.1 関数の微分という考え方

前の章で関数を微分するという操作を説明しました。一般の数学書の書き方に従えば

$$f'(a)=\lim_{h\to 0}\frac{f(a+h)-f(a)}{h}$$

ということでした。この式の理解が難しいとすれば、それは極限演算lim（リミット）が入っているからでしょう。それを除けば、右辺はただの分数式に他なりません。しかしこの分数式は極限演算limが邪魔をしていて、分母を払うことができません。そこで、前に説明した$\varepsilon-\delta$論法を使って、この極限演算を取り去ってしまうことを考えましょう。つまり、右辺と左辺の誤差をεとしてこの式を

$$f'(a)+\varepsilon=\frac{f(a+h)-f(a)}{h}$$

とするのです。ただし、誤差εは$h\to 0$のとき$\varepsilon\to 0$となる誤差です。

この式は本当の分数式になりますから、両辺にhをかけて分母を払うことができます。分数式よりそのほうが扱いやすいので分母を払ってしまいましょう。

$$f'(a)h+\varepsilon h=f(a+h)-f(a)$$

となりますが、話の都合上、右辺と左辺を入れ替えて、

$$f(a+h)-f(a)=f'(a)h+\varepsilon h$$

としておきます。

さて、この式の意味を考えてみましょう。

左辺は関数$f(x)$の$x=a$におけるxの変化量hに対応するyの変化量に他なりません。つまりこの式は$x=a$でxがhだけ変化したとき、yの変化

量がどうなるかを右辺で示している式です。

　では右辺はどんな意味を持つでしょうか。ここが微分学の一番基本的な考え方です。

4.2 微分

　まず最初に、この式

$$f(a+h)-f(a)=f'(a)h+\varepsilon h$$

では変化しているものはhとそれに伴って変わる誤差εであることに注意しておきます。$f'(a)$の値はいくつになるのか分かりませんが、ともかくもある定数です。したがってこの式は

「関数yの変化量は変数xの変化量hに正比例する部分$f'(a)h$と誤差の部分εhの和で表される」

といっていて、誤差の部分εhはhが小さくなれば、$f'(a)h$と比べるといくらでも小さくなります。つまり、yの変化量は正比例部分$f'(a)h$で決まってしまうことになります。そこでこの正比例部分だけを取り出して、それを関数yの微分といい、記号dy（あるいはdf）で表します。

●定義

微分できる関数$y=f(x)$を考える。$x=a$でのhについての正比例関数$f'(a)h$を関数yの微分といい記号dyで表す。$dy=f'(a)h$である。さらに、独立変数xについては変化量hそのものをxの微分といって、dxと書く。したがって、微分できる関数$y=f(x)$について、$x=a$での微分dyは

$$dy=f'(a)dx$$

で表される。

新しい言葉「微分」が出てきたので少し説明します。今までは微分係数$f'(a)$を求めることを「関数を微分する」といいましたが、ここでの微分は名詞で「微分という名前の新しい変数」です。微分はどんな記号で表してもいいのですが、英語でdifferentialというのでその頭文字をとって新しい変数をdx, dyと書く約束をしました。もとの変数記号x, yと区別するためです。したがって微分とは元の関数$y=f(x)$の$x=a$に対応して決まる新しい正比例関数で、その比例定数が微分係数$f'(a)$に他なりません。図で表すと次のようになります。

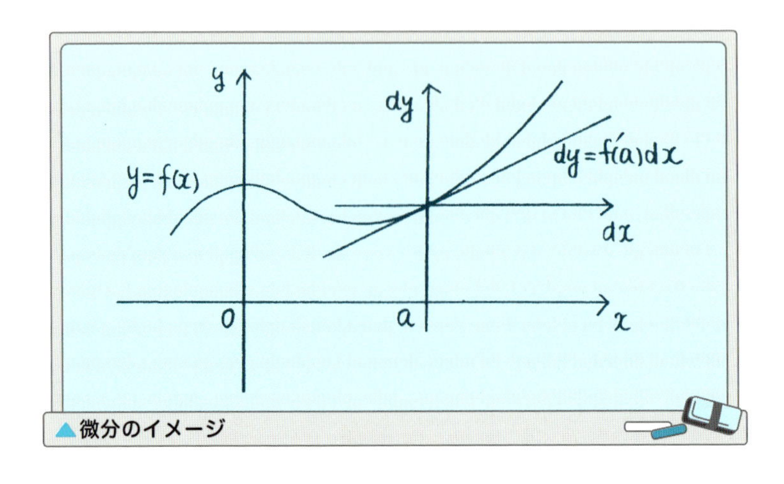

▲微分のイメージ

新しい変数dx, dyの座標軸の座標原点が$(a, f(a))$であることに注意してください。正比例関数のグラフは原点を通り、傾きが比例定数である直線です。したがって、微分のグラフは図のようになります。この視点で見ると、微分できる関数とは、グラフ上の各点$(a, f(a))$に対して1つずつ微分という名前の新しい座標系と正比例関数が張り付いている関数に他なりません。関数全体の微分ではないことに十分に注意しましょう。微分とは常に局所的なローカルなものです。ある点を指定すると、その点に対して微分という名前の座標系が決まることを十分に理解してください。

では、関数の微分を考えることにどんな意味があるのでしょう。

4.3 変化の様子を調べるということ

もう一度微分の図を見ましょう。

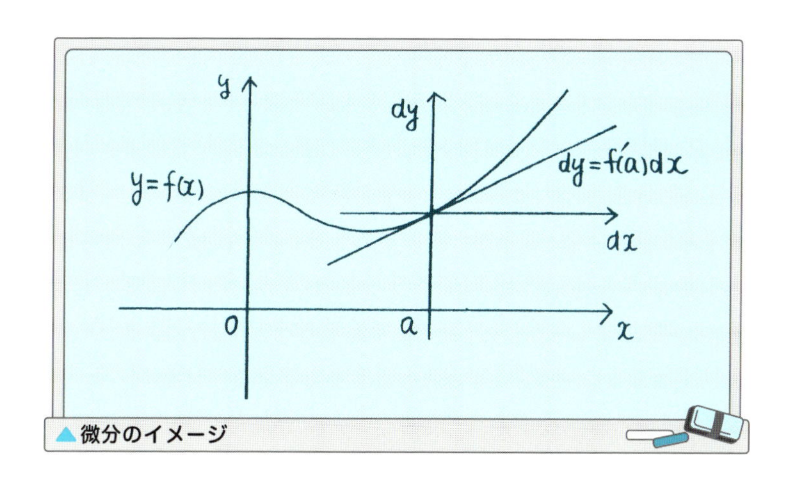

▲微分のイメージ

微分という名前の新しい座標系で示された正比例関数$dy=f'(a)dx$のグラフは直線です。この直線はなにを表しているのでしょうか。最初に、私たちには、日常生活の中で地球が丸いということが認識できないというお話をしました。あるいは、一円玉の縁でも極端に拡大してみると直線に見えてしまいます。それと微分の考え方が同じだということが分かります。つまり、点$(a, f(a))$の近くで関数はいろいろな変化をしているだろう、しかしその部分を十分に拡大してみると、そこでは関数は微分という正比例関数に従って変化している、あるいは逆に、微分できる関数とは一部分を十分に拡大してみると直線に見える関数だ、ということです。微分という名の正比例関数は、要するに点$(a, f(a))$での関数$y=f(x)$のグラフの接線に他ならないのですが、ここではそれを接線とは見ないで、「関数が点$(a, f(a))$の近くでは均質に変化していると見なしたときの正比例関数」と見るということです。例をあげましょう。

例　3次関数 $y=f(x)=x^3-3x+6$の変化の様子を調べましょう。

たとえば、$x=0$での微分係数は

$$\begin{aligned}\lim_{h\to 0}\frac{f(0+h)-f(0)}{h}&=\lim_{h\to 0}\frac{(h^3-3h+6)-6}{h}\\&=\lim_{h\to 0}\frac{h^3-3h}{h}\\&=\lim_{h\to 0}(h^2-3)\\&=-3\end{aligned}$$

ですから、$f'(0)=-3$です。したがって$y=x^3-3x+6$の$x=0$での微分は

$$dy=-3dx$$

となります。つまり、この3次関数は原点の近くではxが増えるとyは減る（比例定数がマイナスです）状態にあり、その変化量はほぼxの変化量の3倍であることが分かります。

あるいは、$x=4$での微分係数は

$$\begin{aligned}\lim_{h\to 0}\frac{f(4+h)-f(4)}{h} &= \lim_{h\to 0}\frac{((4+h)^3-3(4+h)+6)-(4^3-3\times 4+6)}{h}\\ &= \lim_{h\to 0}\frac{((4^3+48h+12h^2+h^3)-(12+3h)+6)-(4^3-12+6)}{h}\\ &= \lim_{h\to 0}\frac{48h+12h^2+h^3-3h}{h}\\ &= \lim_{h\to 0}(48+12h+h^2-3)\\ &= 45\end{aligned}$$

ですから、$f'(4)=45$です。したがって$y=x^3-3x+6$の$x=4$での微分は

$$dy=45dx$$

となります。つまり、この3次関数は$x=4$の近くではxが増えるとyも増える（比例定数がプラスです）状態にあり、その変化量はほぼxの変化量の45倍もあることが分かります。つまり、ここではyは急激に増加しているのです。

これが微分を使って関数の変化の様子を調べる原型です。

ところで、この例ではいちいち定義に戻って微分$dy=f'(a)dx$を計算しましたが、じつは微分係数を計算するために極限をとる演算を考えるとき、動いているのは変化量hでaは定数として一定の値に留まっています。そこで、このaをxで置きかえてしまうと、

$$f'(x)=\lim_{h\to 0}\frac{f(x+h)-f(x)}{h}$$

という式が得られますが、この左辺はxの関数と考えることができます。この関数を$y=f(x)$の導関数といい、y', $f'(x)$などで表します。

4

●定義　導関数

微分できる関数$y=f(x)$に対して、

$$f'(x)=\lim_{h\to 0}\frac{f(x+h)-f(x)}{h}$$

というxの関数を$f(x)$の導関数といい、$f'(x)$と書く。

導関数という言葉を使えば、$x=a$での微分係数$f'(a)$とは導関数$f'(x)$の$x=a$における値に他なりません。ですから、微分係数を計算するには、導関数さえ求まればいいことになります。導関数$f'(x)$を求める計算を$y=f(x)$を微分するといいます。微分という計算がどのような規則に従いどのように計算できるのかは第2部で考えることにしましょう。

この導関数を使って、本来は特定の値aを指定して初めて決まる微分を

$$dy=f'(x)dx$$

で表してしまい、元の関数の微分といいます。微分とは本来$x=a$を指定して初めて決まる正比例関数です。$dy=f'(x)dx$はあくまで便宜的な記号で、関数全体の微分というものはないことをもう一度強調しておきます。ですから、「元の関数の微分」という言葉もその意味で形式的なものと考えてください。ただ、この式を使えば、個々の微分を定義に戻って考える必要はなく、$dy=f'(x)dx$のxにaを代入すれば$x=a$での微分が求まるのでとても便利です。導関数の具体的な計算は第2部できちんと考えますが、ここではこの後に使うために、結果だけを書いておきます。

4.4 初等関数の導関数の一覧表

関数	導関数
x^n	nx^{n-1}
x^α	$\alpha x^{\alpha-1}$
e^x	e^x
$\log x$	$\dfrac{1}{x}$
$\sin x$	$\cos x$
$\cos x$	$-\sin x$
$\tan x$	$1+\tan^2 x$
$\sin^{-1} x$	$\dfrac{1}{\sqrt{1-x^2}}$
$\cos^{-1} x$	$-\dfrac{1}{\sqrt{1-x^2}}$
$\tan^{-1} x$	$\dfrac{1}{1+x^2}$

関数の四則演算と導関数の関係もまとめておきましょう。詳しくは第2部で説明します。ここでは指数関数$y=e^x$が微分しても変わらない関数なのを記憶してください。この指数関数の底$e=2.718281828459\cdots$は微分積分学ではとても大切な定数なのですが、どのように選ばれているのかも第2部で詳しく説明します。

4.5 微分計算と四則演算の関係

1　$(f(x)+g(x))'=f'(x)+g'(x)$

2　$(kf(x))'=kf'(x)$

3　$(f(x)g(x))'=f'(x)g(x)+f(x)g'(x)$

4　$\left(\dfrac{f(x)}{g(x)}\right)'=\dfrac{f'(x)g(x)-f(x)g'(x)}{g^2(x)}$

4

このまとめで見ると、微分計算はたし算（や引き算）についてはごく自然に振舞っていますが、かけ算やわり算に対しては相性があまりよくないようです。別の言葉で言い換えると、関数の和や差と微分計算は順序を入れ替えて計算することができる、すなわち、関数をたしてから微分計算をしても、微分計算をしてから関数をたしても結果は変わりません。しかし、かけ算やわり算については微分計算との交換ができないのです。これを数学では「微分計算は線形性を持つ」ということがあります。

線形性についての結果も第2部で説明します。ここでは以上の性質から、定数は微分すると0になることとか、たし算で結ばれている関数は、それぞれの項を微分してたせばよいことだけを確認してください。また、一覧表の2番目の公式は任意の実数αで成立します。したがって、αが-1や$1/2$の時を考えると

$$\left(\frac{1}{x}\right)' = (x^{-1})' = -x^{-2} = -\frac{1}{x^2}$$

や

$$(\sqrt{x})' = \left(x^{\frac{1}{2}}\right)' = \frac{1}{2}x^{-\frac{1}{2}} = \frac{1}{2\sqrt{x}}$$

などとなることに注意しておきましょう。これらも第2部でもう少し詳しく説明します。

微分計算についてもう1つ大切な公式があります。関数$y = f(t)$でtがxの関数$t = g(x)$のとき、yはtをはさんでxの関数$y = f(t) = f(g(x))$となります。この関数を合成関数といいます。合成関数の微分について、次の公式が成り立ちます。（詳しくは第2部）

$$5.\quad (f(g(x)))' = f'(g(x))\cdot g'(x)$$

証明は第2部で紹介します。

4.6 導関数の１つの意味

変化量と導関数の幾何学的な意味について1つの例を紹介しましょう。

半径xの円の面積yは$y=\pi x^2$となることは小学校で学びます。ところでこの関数を微分すると、$y'=2\pi x$となり、これは半径xの円の周囲の長さに他なりません。なぜ面積を微分すると円周になるのでしょうか。

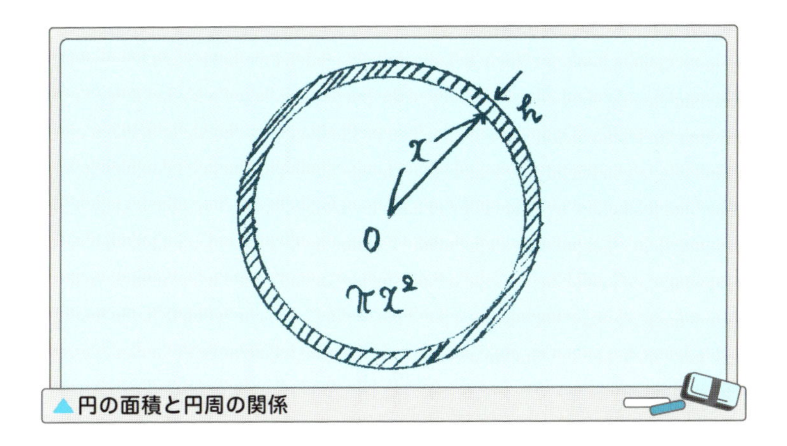

円の面積と円周の関係

$y=\pi x^2$では面積は半径の関数になっています。半径の変化に対して、面積はどのように変化するでしょうか。半径がhだけ変化したときの面積の変化量は

$$\pi(x+h)^2-\pi x^2=\pi(2hx+h^2)$$

ですが、これは図の斜線部の面積になっています。内側の円周は$2\pi x$ですから、この面積はだいたい$2\pi xh$になっています。すなわち、

$$\lim_{h\to 0}\frac{\pi(x+h)^2-\pi x^2}{h}=\lim_{h\to 0}(2\pi x+h)=2\pi x$$

となり、円の面積の変化量は周囲の長さに等しい。これが機械的に微分を計算すると$(\pi x^2)'=2\pi x$となる理由です。

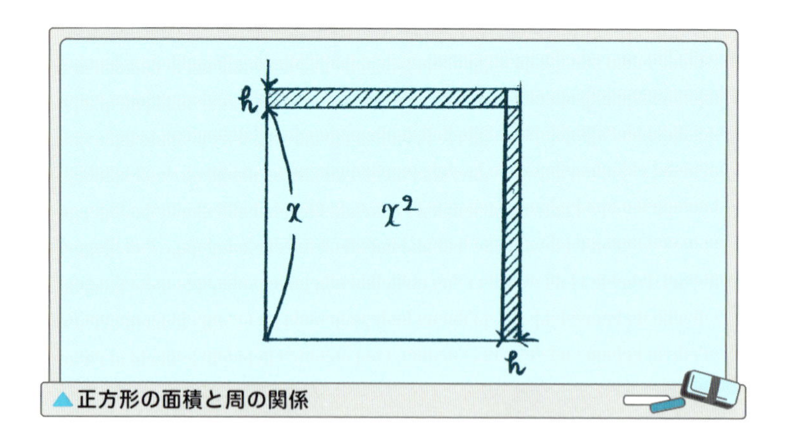

▲正方形の面積と周の関係

ところで、1辺がxの正方形の面積はもちろんx^2です。これを微分すると$2x$となり正方形の周囲にはなりません。円と円周との関係でいえば面積を微分すれば周囲になるように思われますが、正方形の場合そうならないのはなぜでしょう。

図を見るとその理由が分かります。正方形の辺の長さxをhだけ変化させると、正方形の縦、横の長さがhだけ変化します。ですから面積の変化量は$(x+h)^2-x^2=2hx+h^2$で、図の鍵┐の形の部分です。したがって、その部分だけの辺の長さが微分となり、$2x$になるのです。

4.7 関数の特異点と極値

前に出てきた3次関数$y=f(x)=x^3-3x+6$の$x=1$での微分を求めてみましょう。

前に説明した導関数を使って微分を計算します。そのためにまず$y=x^3-3x+6$の導関数を計算します。計算は微分係数を計算した時と同じで、ただ、aをxに置き換えます。導関数は

$$
\begin{aligned}
f'(x) &= \lim_{h \to 0} \frac{f(x+h)-f(x)}{h} \\
&= \lim_{h \to 0} \frac{((x+h)^3-3(x+h)+6)-(x^3-3x+6)}{h} \\
&= \lim_{h \to 0} \frac{(x^3+3x^2h+3xh^2+h^3-3x-3h+6)-(x^3-3x+6)}{h} \\
&= \lim_{h \to 0} \frac{(3x^2-3)h+3xh^2+h^3}{h} \\
&= \lim_{h \to 0} (3x^2-3+3xh+h^2) \\
&= 3x^2-3
\end{aligned}
$$

となり、$y=x^3-3x+6$の導関数は$f'(x)=3(x^2-1)$です。したがって、形式的な微分は

$$dy = 3(x^2-1)dx$$

となります。ですから、この式のxに$x=1$を代入すれば$x=1$での$f(x)=x^3-3x+6$の微分が求まります。$f'(1)=0$ですから、結局、$x=1$での微分は、$dy=0 \cdot dx=0$ですから

$$dy = 0$$

です。

これはなにを意味しているのでしょうか。

ある点での関数の微分とは、その点(の近く)で関数がどのような変化をしているのかを正比例関数として表したものです。したがって、$dy=0$は比例定数が0である正比例関数ですから、xが変化してもyは変化しないということを意味しています。これは関数にとっては少しだけおかしなことです。なぜなら、関数とは変化の様子を表す式で、変化しないというのは特別なことだからです。これも前にお話しした「定数関数も関数のうち」ということと同じで、「変化しないことも変化のうち」なのです。しかし、これが特別な変化であることは確かです。そこで数学ではその点だけを取り出して調べることを考えました。

●定義　特異点

関数$y=f(x)$に対して、$dy=0$となる点$x=a$をその関数の特異点という。

さて、以上の説明から分かる通り、$dy=0$となる特異点とは方程式$f'(x)=0$の解に他なりません。高等学校で関数の極値を求めるために$f'(x)=0$となるxを求めてきたのは、結局関数の特異点を求めてきたことに他なりません。特異点で関数がどのような振舞い方をするのかが極値問題なのです。これも第2部で具体的な例を考えてみることにしましょう。

特異点は文字どおり関数の特別な点です。特異点でない点を関数の通常点と呼ぶことがあります。なぜ特異点が大切なのでしょうか。

それはある特定の関数の性格は特異点にこそ現れるからです。特異点とはその関数の特徴を表している点に他なりません。通常点ではどの関数も似たり寄ったりの変化をしています。しかし、特異点ではその関数特有の変化の様子が現れます。それで数学では特異点に関心を持ち、特異点の様子を調べるのです。高次元の特異点の研究は現代数学の大きなテーマの1つになっています。特に多様体と呼ばれる高次元の図形の特異点がどのような形をしているのかは現代数学の最先端で研究がおこなわれています。ここでは1変数関数の特異点に限ってその分類を考えましょう。

関数の特異点では、xが変化してもyは変化しません。すなわち、関数のグラフがx軸に対して水平になっています。これは図形としてみれば、その点での接線がx軸に平行になっているということに他なりません。ですから、1変数関数の場合、特異点には次の3つの形があります。

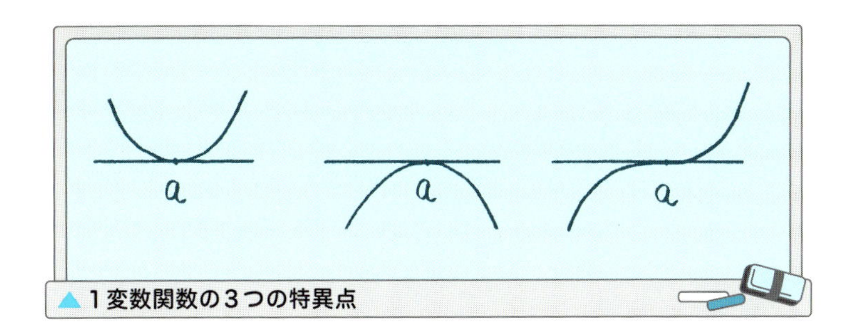

▲1変数関数の3つの特異点

1つは極値と呼ばれる特異点で、これには極大と極小の2つの場合があります。もう1つは停留点という特異点です。極値の場合、関数のグラフは接線の片側だけに現れますが、停留点の場合は接線の両側に関数のグラフが現れるのが特徴です。

方程式$dy=0$の解にはこの3種類の特異点があるので、どの形の特異点かを分類する必要があります。特異点の分類は数学の大切なテーマの1つで、現在でもいろいろな研究がおこなわれています。

1変数関数の特異点の分類の方法で一番素朴なものは、「特異点の近くだけでグラフを描いてみること」です。そのために微分が使われます。あくまでも特異点の近くだけで、全体の形ではないことに注意しましょう。ここで再度微分が活躍します。

関数$y=f(x)$の$x=a$での微分は$dy=f'(a)dx$という($(a, f(a))$を原点とする)正比例関数でした。したがって、この比例定数$f'(a)$の符号によって、$f'(a)<0$なら減少の状態にあり、$f'(a)>0$なら増加の状態にあります。ですから、特異点を挟んでの両側の微分の状態が分かれば、特異点の近くでの関数の変化の様子が分かり、グラフが描けるのです。これを形式的に調べるために考え出された方法が増減表です。具体的な例をとって、説明しましょう。

例　$y=3x^4-8x^3+6x^2+1$の特異点の様子を調べる。

微分を求めると、

$$dy=(12x^3-24x^2+12x)dx$$

です。方程式$dy=0$より、$12x(x-1)^2=0$となり、特異点は$x=0,\ x=1$の2つです。増減表を作ってみましょう。

x	…	0	…	1	…
$f'(x)$	−	0	+	0	+
$f(x)$	↘	1	↗	2	↗

この表から、特異点$x=0$の近くでは関数が減少から増加の状態に変わり、特異点$x=1$の近くでは関数は常に増加の状態にあります。したがって、特異点$x=0$は極小になり、特異点$x=1$は停留点です。関数の全体の形は次のようになります。

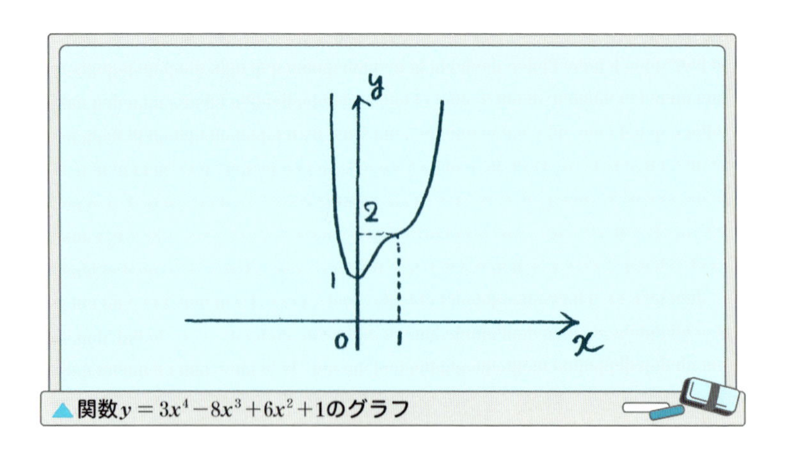

▲関数$y=3x^4-8x^3+6x^2+1$のグラフ

特異点の別の計算例は第2部で練習します。

4.8 関数の値を計算する テイラーの定理

関数を扱った章で、多項式関数や分数関数ではxの値を具体的に与えると関数値が計算できる、しかし、無理関数や初等超越関数（指数、対数関数や三角関数、逆三角関数）では関数値を求めることが難しいという話をしました。しかし電卓や関数電卓ではxの値を入力すると関数値を教えてくれます。

▲電卓君活躍する

電卓はどうやって関数の値を計算しているのでしょうか。電卓の中に賢い小人さんがいて、彼らがそろばんをはじいているというのは、メルヘンとしては面白いのですが。

関数とはブラックボックスであると考えられることは前にお話ししました。ブラックボックスをそのまま読めば「黒い箱」ですが、ブラックボックスには「機能は分かっているが仕組みが分からない機械装置」という意味があります。つまり電卓はまさしくブラックボックスに他なりません。このブラックボックスがどうやって関数値を求めているのか、その仕組みを微分を使って考えてみましょう。

多項式関数の値が計算できるのは、多項式が入力xを加工する仕組みや手続きを具体的に与えているからです。たとえば2次関数$y=f(x)=2x^2-x+4$

なら、入力xを2乗し、それを2倍する、その値から入力の値を引いて4をたしたものを出力としなさい、ということです。このように多項式なら具体的に関数値を計算できます。

ところで、多項式とはx^nに係数をかけてそれをいくつかたしたものです。x^nは入力xをn回かけると計算できますから（当たり前ですね！）多項式は係数が決まれば決まってしまいます。では多項式の係数はどのようにして決まっているのでしょうか。

多項式

$f(x)=a_0+a_1x+a_2x^2+a_3x^3+a_4x^4+\cdots+a_nx^n+\cdots$

を考えます。多項式は普通は次数の高いものから順番に書きます（降冪（こうべき）の順という）が、いまは次数が分からない多項式を考えるので次数の低いもの、つまり定数項から始めて多項式を書いています（昇冪（しょうべき）の順という）。この係数、a_0, a_1, a_2, a_3, a_4, $\cdots$, a_n, $\cdots$が分かれば多項式は決まります。この関数が多項式であることを十分に活用して、係数を決めることができないでしょうか。

じっと考えてみると、こんなことが見えてきます。（見えましたか？）それはxに0を代入すると、x^nを含んだ項はすべて0になって消えてしまうということです。

したがって、

$$a_0=f(0)$$

です。

ではa_1はどうでしょうか。このままではxに0を代入してもうまくいきません。しかし、しばらく考えてみると、うまい方法に気が付きます。それは公式

$$(x^n)'=nx^{n-1}$$

を使うことです。

多項式

$$f(x)=a_0+a_1x+a_2x^2+a_3x^3+a_4x^4+\cdots+a_nx^n+\cdots$$

の両辺を微分してみます。

$$f'(x)=a_1+2a_2x+3a_3x^2+4a_4x^3+\cdots+na_nx^{n-1}+\cdots$$

となります。この式に$x=0$を代入すると、先ほどと同じようにx^nを含んだ項はすべて消えてしまい、

$$a_1=f'(0)$$

が得られます。

からくりが分かってきました。多項式の係数は微分を何回も繰り返して$x=0$を代入すると求まるようです。

一般に、関数$y=f(x)$をn回繰り返して微分した関数を元の関数のn階導関数といい、記号

$$y^{(n)},\ f^{(n)}(x)$$

で表します。ただ、回数が少ない時はy'', y'''などの記号でも表します。

これを使い、

$$f'(x)=a_1+2a_2x+3a_3x^2+4a_4x^3+\cdots+na_nx^{n-1}+\cdots$$

の両辺をもう一度微分すると、

$$f''(x)=2a_2+3\cdot 2a_3x+4\cdot 3a_4x^2+\cdots+n\cdot(n-1)a_nx^{n-2}+\cdots$$

となり、$x=0$を代入すれば、$f''(0)=2a_2$より、

$$a_2=\frac{f''(0)}{2}$$

となります。

念のため、もう一回計算してみましょう。

$$f''(x)=2a_2+3\cdot 2a_3x+4\cdot 3a_4x^2+\cdots+n\cdot(n-1)a_nx^{n-2}+\cdots$$

の両辺を微分して

$$f'''(x)=3\cdot 2a_3+4\cdot 3\cdot 2a_4x+\cdots+n\cdot(n-1)\cdot(n-2)a_nx^{n-3}+\cdots$$

ですから、$x=0$を代入すれば

$$a_3=\frac{f'''(0)}{3\cdot 2\cdot 1}$$

が得られます。分母の最後の1は形式を整えるために書きたしました。（×1だからあってもなくても同じ）

以下、微分する操作を繰り返し、$x=0$を代入すると、順番に多項式の係数a_1, a_2, a_3, …, a_n, …が求まっていきます。この計算では一回微分するごとに多項式の項x^nのnが前に降りてきます。そこで1からnまでの数をすべてかけた$n\cdot(n-1)\cdot(n-2)\cdot\cdots 2\cdot 1$を$n!$（$n$の階乗と読む）で表すと、

$$a_n=\frac{f^{(n)}(0)}{n!}$$

となることが分かります。（正確には数学的帰納法を使えばよいのですが、これは帰納法を使うまでもなく明らかだと思います。）

したがって、多項式関数$f(x)$を次のように表すことができます。

$$f(x)=f(0)+f'(0)x+\frac{f''(0)}{2}x^2+\frac{f'''(0)}{3!}x^3+\cdots+\frac{f^{(n)}(0)}{n!}x^n+\cdots$$

これが多項式の係数決定のメカニズムです。微分するという計算が見事に役立っていることに注目してください。

さて、ここからが問題です。

以上のメカニズムを他の初等関数に持ち込めないでしょうか。もしも他の初等関数が多項式としての表現を持つなら、その係数はこのメカニズムによって求まるはずです。これを初等関数のテイラー展開（あるいはマクローリン展開）といいます。ほとんどの初等関数はテイラー展開できます。

ただ、残念ながら多項式ではない初等関数は、本物の多項式で表すことはできません。そこで多項式の概念を少し拡張して、x^nの項が無限に続く、無限次元の多項式として表すことを考えます。無限次元の多項式を数学では級数といいます。その詳しい説明は第2部で行いますが、ここでは具体的に指数関数と三角関数のテイラー展開を求めてみましょう。

4.9 関数の展開

1. 指数関数を展開する

指数関数$f(x)=e^x$を表す級数を

$$e^x=a_0+a_1x+a_2x^2+a_3x^3+a_4x^4+\cdots+a_nx^n+\cdots$$

とすれば、多項式の場合と同じメカニズムによって、両辺をn回微分して$x=0$を代入することにより、

$$a_n=\frac{f^{(n)}(0)}{n!}$$

が得られます。

ところが、指数関数e^xについては、$(e^x)'=e^x$で導関数は元と同じ指数関数です。したがって指数関数は何回微分しても元の関数と変わらず

$$f^{(n)}(x)=(e^x)^{(n)}=e^x$$

です。

したがって、$f^{(n)}(0)=e^0=1$となり

$$a_n=\frac{1}{n!}$$

となります。すなわち、指数関数$f(x)=e^x$は次のように無限次元の多項式（級数）に展開されます。

$$e^x = 1 + x + \frac{1}{2!}x^2 + \frac{1}{3!}x^3 + \frac{1}{4!}x^4 + \cdots + \frac{1}{n!}x^n + \cdots$$

これが多項式としての指数関数の正体で、指数関数のメカニズムです。右辺が無限次元とはいえ、実際に計算できる多項式になっていることに注意しましょう。分母の$n!$は急速に大きくなっていく数ですから、各項はあっという間に小さくなり、指数関数の近似値を計算するのは容易です。

たとえば$\sqrt{e} = \sqrt{2.71828}$の値を計算しようとすれば、$\sqrt{e} = e^{\frac{1}{2}}$ですから

$$e^{\frac{1}{2}} = 1 + \frac{1}{2} + \frac{1}{2!}\left(\frac{1}{2}\right)^2 + \frac{1}{3!}\left(\frac{1}{2}\right)^3 + \frac{1}{4!}\left(\frac{1}{2}\right)^4 + \cdots + \frac{1}{n!}\left(\frac{1}{2}\right)^n + \cdots$$

となり、この項をたとえば第5項まで計算すれば、$\sqrt{e} = 1.64869$が得られ、第7項まで計算すれば、1.64871が得られます。もう少し詳しく知りたければ、さらに項数を増やして計算すればいいのです。$\sqrt{e}$の値は1.64872127…くらいです。

また、指数関数の展開式を微分してみると

$$\left(\frac{1}{n!}x^n\right)' = \frac{1}{(n-1)!}x^{n-1}$$

に注意すれば

$$\begin{aligned}(e^x)' &= (1)' + (x)' + \left(\frac{1}{2!}x^2\right)' + \left(\frac{1}{3!}x^3\right)' + \left(\frac{1}{4!}x^4\right)' + \cdots + \left(\frac{1}{n!}x^n\right)' + \cdots \\ &= 1 + x + \frac{1}{2!}x^2 + \frac{1}{3!}x^3 + \frac{1}{4!}x^4 + \cdots + \frac{1}{n!}x^n + \cdots\end{aligned}$$

となって、確かに$(e^x)' = e^x$となることが確かめられます。（展開式は$(e^x)' = e^x$となることを使って求めたので、これは$(e^x)' = e^x$の証明にはなりません。あくまで確認です。）

2. 三角関数を展開する

同様に三角関数も展開できます。

$y=\sin x$を展開してみましょう。

前に掲げた一覧表で$(\sin x)'=\cos x$, $(\cos x)'=-\sin x$だったことに注意すると、

$$\sin x,\ (\sin x)'=\cos x,\ (\sin x)''=-\sin x,\ (\sin x)'''=-\cos x,\ (\sin x)''''=\sin x$$

となり、$\sin x$の導関数は4周期で

$$\sin x,\ \cos x,\ -\sin x,\ -\cos x$$

を繰り返すことが分かります。したがって、$x=0$での値は

$$\sin 0=0,\ \cos 0=1,\ -\sin 0=0,\ -\cos 0=-1$$

で、0, 1, 0, −1を4周期で繰り返します。これをテイラー展開の式に代入すれば

$$\sin x=x-\frac{1}{3!}x^3+\frac{1}{5!}x^5-\frac{1}{7!}x^7+\cdots+(-1)^n\frac{1}{(2n+1)!}x^{2n+1}+\cdots$$

という$y=\sin x$の展開式が得られます。これで$\sin x$も（無限次元の）多項式で表すことができ、三角関数の値を計算できます。

30°はラジアンで表すと、$\pi/6=0.5236$ですから、

$$\sin(0.5236)=0.5236-\frac{1}{3!}(0.5236)^3+\frac{1}{7!}(0.5236)^7-\cdots$$

となり、第2項までで$\sin 30^\circ=0.4997$が得られます。もちろん正確な値は$\sin\frac{\pi}{6}=0.5$ですから、誤差は3/10000しかありません。

同様に$y=\cos x$も展開できます。

$\cos x$から始まって$(\cos x)'=-\sin x$,$(\cos x)''=-\cos x$,$(\cos x)'''=\sin x$,$(\cos x)''''=\cos x$ですから、今度は$x=0$での値は1, 0, −1, 0を4周期で繰り返すことになります。この値をテイラー展開の式に代入すれば

$$\cos x=1-\frac{1}{2!}x^2+\frac{1}{4!}x^4-\frac{1}{6!}x^6+\cdots+(-1)^n\frac{1}{(2n)!}x^{2n}+\cdots$$

という$y=\cos x$の展開式が得られ、$\sin x$と同様に$\cos x$も（無限次元の）多項式で表すことができました。

指数関数の場合と同様に、$\sin x$の展開式の右辺を微分してみれば、

$$
\begin{aligned}
(\sin x)' &= 1-\frac{1}{2!}x^2+\frac{1}{4!}x^4-\frac{1}{6!}x^6+\cdots+(-1)^n\frac{1}{(2n)!}x^{2n}+\cdots \\
&= \cos x
\end{aligned}
$$

となり、$(\sin x)'=\cos x$が確認できます。（今度も証明ではありません。）

これで、指数関数、三角関数などが（無限次元の）多項式で表されることが分かりました。前の章でお話ししたように、私たちが実際に数値を計算できる関数は、少し荒っぽく言えば、多項式関数しかありません。ですから、関数の話をしたときに、指数関数や三角関数の値はどうやって計算されているのだろうか、賢い関数電卓君の中はどうなっているのだろうという疑問があったのでした。しかし、この段階では、指数関数、三角関数もブラックボックスではなくて、計算の仕組みが分かるホワイトボックスになりました。

少し条件が必要なのですが、他の関数も同様にテイラー展開することができ、関数の仕組みを多項式で表すことができます。結果を書いておきましょう。

$$\frac{1}{1+x}=1-x+x^2-x^3+x^4-x^5+\cdots \quad (|x|<1)$$

$$\frac{1}{(1+x)^2}=1-2x+3x^2-4x^3+5x^4-\cdots \quad (|x|<1)$$

$$\sqrt{1+x}=1+\frac{1}{2}x-\frac{1}{2!\cdot 2^2}x^2+\frac{1\cdot 3}{3!\cdot 2^3}x^3-\frac{1\cdot 3\cdot 5}{4!\cdot 2^4}x^4+\cdots \quad (|x|<1)$$

$$\log(1+x)=x-\frac{1}{2}x^2+\frac{1}{3}x^3-\frac{1}{4}x^4+\frac{1}{5}x^5-\cdots \quad (-1<x\leqq 1)$$

などです。上の3つの公式はすべて$y=(1+x)^\alpha$の展開という統一した見方ができますが、これを一般の2項展開と呼びます。

$$\begin{aligned}(1+x)^{\alpha}&\\((1+x)^{\alpha})'&=\alpha(1+x)^{\alpha-1}\\((1+x)^{\alpha})''&=\alpha(\alpha-1)(1+x)^{\alpha-2}\\((1+x)^{\alpha})'''&=\alpha(\alpha-1)(\alpha-2)(1+x)^{\alpha-3}\\&\vdots\end{aligned}$$

を使えば、一般の2項展開の式

$$(1+x)^{\alpha}=1+\alpha x+\frac{\alpha(\alpha-1)}{2!}x^2+\frac{\alpha(\alpha-1)(\alpha-2)}{3!}x^3+\cdots\quad(|x|<1)$$

が得られます。上の式はこのαにそれぞれ-1, -2, $1/2$を代入した式です。

4.10 オイラーの公式

関数のテイラー展開から分かるきれいでかつ重要な公式を紹介します。

●オイラーの公式(1)

$$e^{ix}=\cos x+i\sin x$$

ただし、iは虚数単位で$i^2=-1$である。

この式は微分積分学の1つの到達点で、複素数まで数の世界を広げると、指数関数と三角関数を同じ視点から眺めることができることを示しています。

虚数iを実際には存在しないおかしな数だと考える人もいるようですが、そんなことはありません。数はこの世界にあるものを数えたり測ったりするために人が考え出した概念です。ですから数そのものが実在するわけではありません。数によって表現されるものが存在しているのです。普通の数は個数や順序を表したり、長さや大きさ、速さなどを表したりします。そしてそれらの数を形式的に計算することによって、私たちは様々な量や概念の関係を調べているのです。虚数は確かに個数や長さを表すことはありませんが、移動や回転という動きを表しています。その意味でも虚数はこの世界になくてはならない数なのです。

オイラーの公式を証明する準備としてi^nを計算しておきましょう。

$$i^0=1,\ i^1=i,\ i^2=-1,\ i^3=i^2\times i=-i,\ i^4=i^3\times i=-i^2=1,\ i^5=i,\ \cdots$$

ですから、iの累乗は1, i, -1, $-i$を4周期で繰り返しています。これを記憶しておいてください。

さて、指数関数は多項式関数として

$$e^x=1+x+\frac{1}{2!}x^2+\frac{1}{3!}x^3+\frac{1}{4!}x^4+\cdots+\frac{1}{n!}x^n+\cdots$$

と表されました。このxにixを代入してみます。iは特殊な性質($i^2=-1$)を持つ定数であることを再度確認しておきます。準備として計算したiの累乗を使うと、

$$\begin{aligned}e^{ix}&=1+ix+\frac{1}{2!}i^2x^2+\frac{1}{3!}i^3x^3+\frac{1}{4!}i^4x^4+\frac{1}{5!}i^5x^5+\cdots+\frac{1}{n!}i^nx^n+\cdots\\&=1+ix-\frac{1}{2!}x^2-i\frac{1}{3!}x^3+\frac{1}{4!}x^4+i\frac{1}{5!}x^5-\cdots+i^n\ \frac{1}{n!}x^n+\cdots\end{aligned}$$

となりますが、これは複素数なので、$a+bi$の形に実数部分と虚数部分を分けて書くと、

$$e^{ix}=\left(1-\frac{1}{2!}x^2+\frac{1}{4!}x^4-\frac{1}{6!}x^6-\cdots\right)+i\left(x-\frac{1}{3!}x^3+\frac{1}{5!}x^5+\cdots\right)$$

となります。

ところがこの式の実数部分と虚数部分をみると、これは$\cos x$と$\sin x$のテイラー展開の式になっています。

したがってオイラーの公式

$$e^{ix}=\cos x+i\sin x$$

が成り立ちます。

これは本当に不思議できれいな式です。指数関数と三角関数という実数の世界では全く別のものに見える関数は、もう一段広い複素数という世界で眺めると、同じ仲間の関数であることが分かります。これはテイラー展開と虚数という数学の概念や道具が見せてくれる、統一と調和のとれた世界です。しかも、このオイラーの公式は単にきれいだというだけではなく、フーリエ解析など、この世界の様々な現象を分析するために欠かせない数学の大切な基盤となっているのです。別の見方をすると、数を複素数まで拡張すれば、初等関数は多項式と指数関数（とその逆関数である対数関数）しかないということもできそうです。これを次にお話しします。

ここではオイラーの公式を使うと分かることを2つほど紹介します。

1. 三角関数を指数関数で表す

オイラーの公式$e^{ix}=\cos x+i\sin x$のxに$-x$を代入すると

$$e^{-ix}=\cos(-x)+i\sin(-x)$$

となりますが、$\cos(-x)=\cos x$, $\sin(-x)=-\sin x$であることに注意すると、

$$e^{-ix}=\cos x-i\sin x$$

となります。この式とオイラーの公式を辺々たして2で割れば、

$$\cos x=\frac{e^{ix}+e^{-ix}}{2}$$

また、辺々ひいて$2i$でわれば

$$\sin x = \frac{e^{ix} - e^{-ix}}{2i}$$

となって、確かに三角関数を虚数iを使って指数関数で表すことができます。すなわち、複素数の世界では三角関数は指数関数の仲間になってしまうのです。

2. オイラーの公式(2)

オイラーの公式(1) $e^{ix} = \cos x + i \sin x$ のxにπを代入すると

$$\begin{aligned} e^{i\pi} &= \cos \pi + i \sin \pi \\ &= -1 \end{aligned}$$

すなわち

$$e^{i\pi} = -1$$

という式が得られます。これが世界で一番美しいといわれている公式で、円周率π、指数関数の底e、そして虚数iの間にはこんなに不思議で美しい関係があるのです。この公式は虚数についての1つの見方を表していると思います。それは、数は虚数まで拡大されて初めてきれいな調和を見せるということです。

多くの人が虚数を「存在しない数」と考えているようですが、それは数を一面からしか見ていないからです。確かに虚数はものの長さや大きさ、速さなどを表す数ではありません。しかし、虚数は別のものを表しているのです。それが端的に表れたのがオイラーの公式です。

虚数まで数を広げると、三角関数と指数関数は同じ仲間の関数になる、この見方は虚数を導入しなければ分かりませんでした。こうして、数学の世界はいわば、想像力を手掛かりにして広がっていくのです。

第1部 微分積分学の考え方

第5章

積分学とはどういう数学か

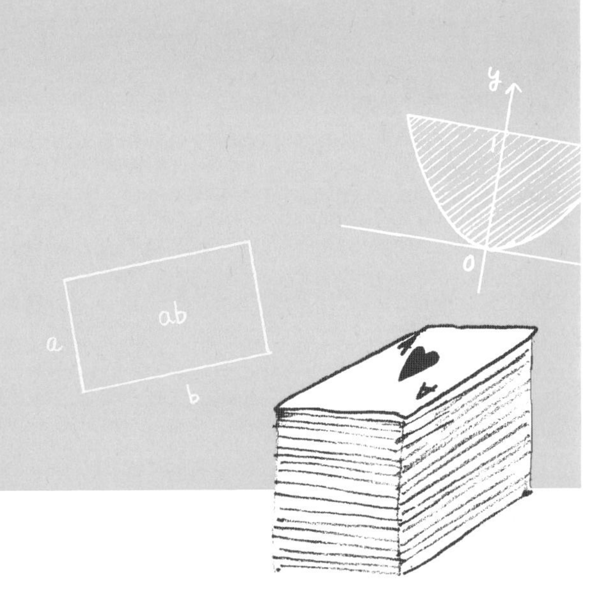

5.1 積分の歴史

最初に積分の歴史は微分よりずっと長いことをお話ししておきましょう。

長方形の面積は2辺の積（縦×横）で計算します。

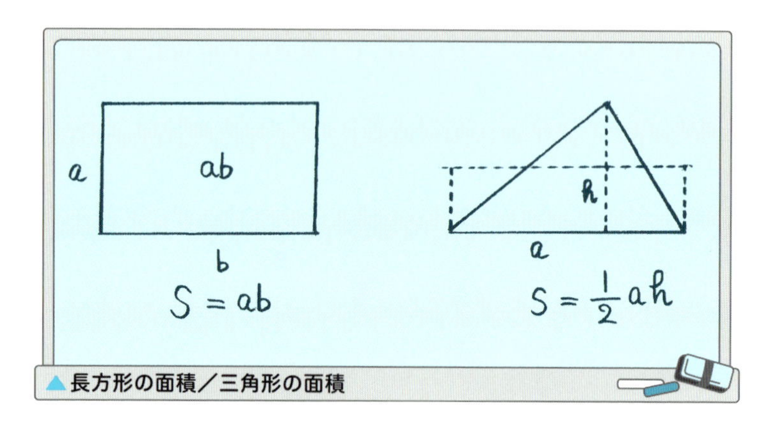

▲長方形の面積／三角形の面積

三角形の面積は公式

$$三角形の面積 = 底辺 \times 高さ \div 2$$

で求めることができます。この公式は三角形を切って並べ替えることで三角形を長方形に直すと求まります。図形を切って並べ替えても面積が変わることはありませんから、この方法で三角形の面積を計算することができます。一般の多角形では、その多角形を対角線などでいくつかの三角形に切り分けて、それぞれの三角形の面積を計算し、それを加えることで面積が計算できます。ですから、面積としては長方形の面積を縦×横で決めておけば、多角形の面積はすべて求めることができます。

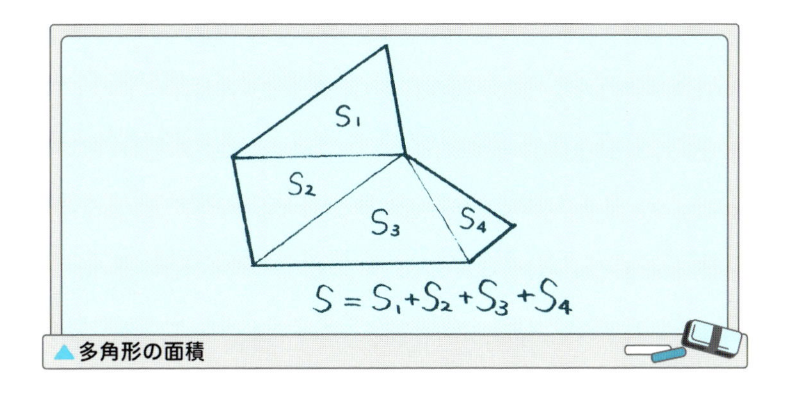

▲多角形の面積

しかし曲線で囲まれた図形の面積を計算するのは簡単ではありません。これをどうやって求めたらいいのでしょうか。

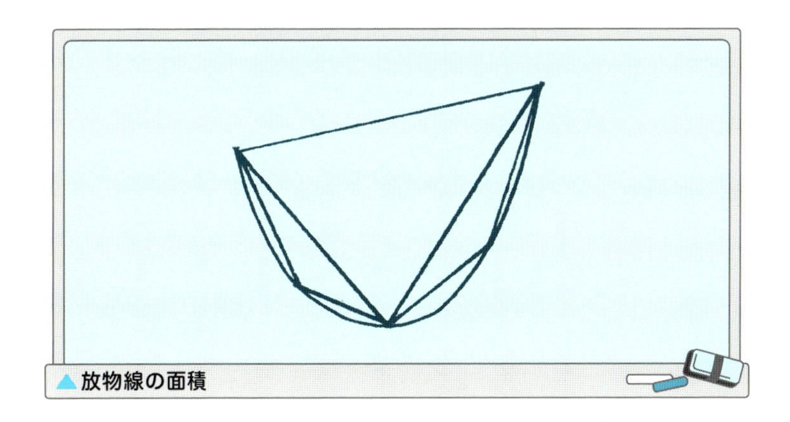
▲放物線の面積

紀元前300年ごろ、アルキメデスは放物線と直線で囲まれた図形の面積を天才的な方法で計算しました。アルキメデスは放物線に内接する無数の三角形の面積を計算し、それをたすことで、放物線と直線で囲まれた部分の面積を求めたのでした。これは現在の積分とは少しだけ違っていますが、面積を求めたい図形を、面積が求まる小さい図形に分割し、その面積をたすことで全体の面積が求まるだろうという考え方は、積分の概念そのものだといってよいでしょう。それに対して、微分の考え方は、17世紀のフェルマーやデカルトなどによる接線の研究によってはじまり、17世紀終わりから18世紀初めにかけてニュートンやライプニッツによってその基礎が確立されました。したがって、数学としては積分の方がずっと歴史があるといえます。ただし、アルキメデスの時代、数学はまだ記号を使って展開することはありませんでした。ここに数学記号の持つ1つの力があります。

ところで、アルキメデスの時代から、曲線で囲まれた部分の面積や体積を求める基本的な考え方は、求める面積や体積を小さい長方形や三角形などの面積が求まる図形に分割し、その和を計算して求めるということでした。この時、無限個の長方形や三角形の面積の和を計算する必要が出てきます。アルキメデスは巧みな方法でこの無限個の和を求めて見せました。一方、ケプラーは同様の方法で酒樽の体積を計算し、カヴァリエリは、現在「カヴァリエリの原理」として知られている方法で様々な図形の面積を計算しました。カヴァリエリの原理とは、

「高さの等しい2つの図形を底辺に平行な直線（あるいは平面）で切るとき、切り口の線分の長さ（あるいは切り口の面積）が等しければ、2つの図形の面積（あるいは体積）は等しい」

というもので、直観的には、トランプカードの一組を机の上に置き、それを平行にずらしていっても全体の体積は変わらないということで理解できます。

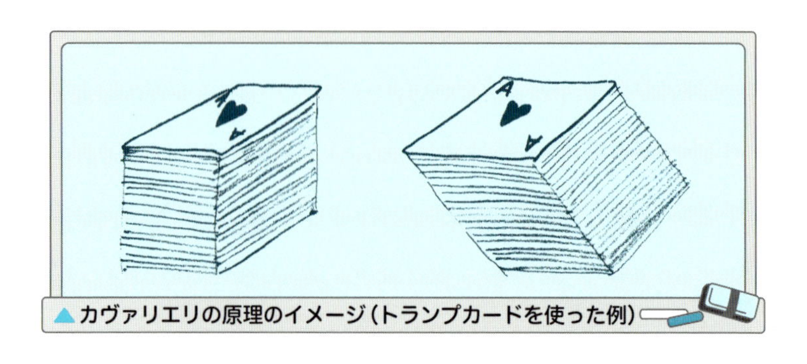

▲カヴァリエリの原理のイメージ（トランプカードを使った例）

この原理を使って、半球の体積を求めてみましょう。ただし、円錐の体積は既知とします。

例　半球の体積

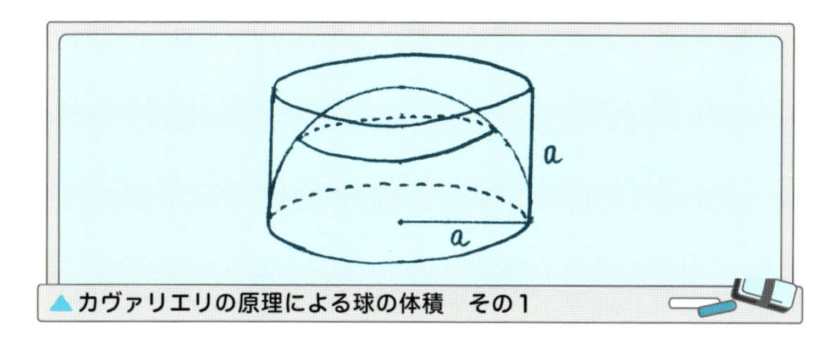

▲カヴァリエリの原理による球の体積　その1

図のように半径aの半球にちょうどかぶさる円柱を考えます。円柱の体積から半球の体積を取り去った残りを考えます。同時に底面が円柱の上側の面の半径aの円で高さがaの逆立ちした円錐を考えます。この2つの図形を底面と平行な平面で切った切り口を考えます。

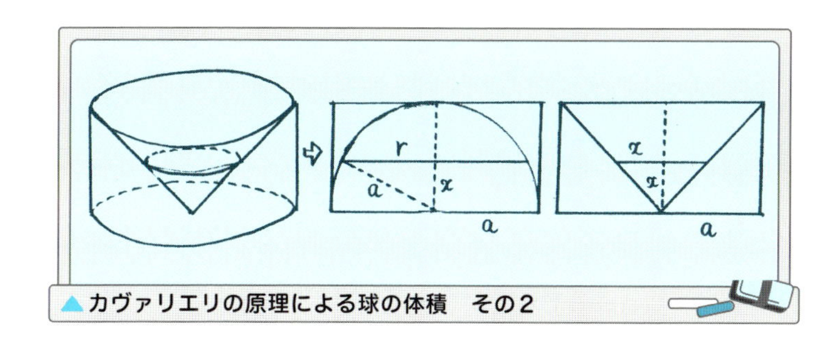

▲カヴァリエリの原理による球の体積　その2

切り口の平面の底面からの高さをxとすると、切り口の円の半径rはピタゴラスの定理から、

$$r^2 = a^2 - x^2$$

ですから、円柱から半球を取り去った残りの部分の切り口の面積は

$$\pi a^2 - \pi r^2 = \pi(a^2 - (a^2 - x^2)) = \pi x^2$$

です。

一方、円錐の方の切り口は半径がxの円ですから、切り口の面積は

$$\pi x^2$$

となり両方は等しくなります。

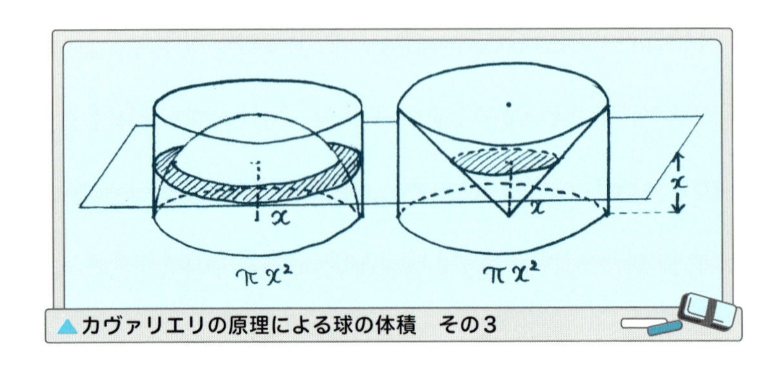

▲カヴァリエリの原理による球の体積　その3

したがってカヴァリエリの原理から

円柱から半球を取り去った残りの体積＝円錐の体積

となります。

したがって、

$$\text{半球の体積} = \text{円柱の体積} - \text{円錐の体積} = \pi a^3 - \frac{1}{3}\pi a^3 = \frac{2}{3}\pi a^3$$

で半球の体積が求まりました。

カヴァリエリの原理はとても強力なアイデアですが、ガリレオやカヴァリエリの時代には、それを正当化する極限の考え方はまだ未発達でした。カヴァリエリ自身は、面は幅のない線の集まったもの、立体は厚さのない面の集まったものと考えていたようで、それは「不可分者の幾何学」という本に集大成されました。しかし、幅のない線、つまり面積が0の線を集めてどうして面積が求まるのか、厚さのない面、つまり体積が0の面を集めてどうして体積が求まるのかは厳密には議論できなかったようです。け

れどもこのように厳密性を欠きながらも、カヴァリエリの原理が現代的な積分の先駆となったことは間違いないでしょう。

ではもう一度アルキメデスに戻って、アルキメデスによる放物線の求積を少し簡略化して、現代的な記述で紹介しましょう。

5.2 アルキメデスによる放物線の求積

放物線$y = x^2$の内側の斜線部分の面積をアルキメデスの方法に従って求めてみます。

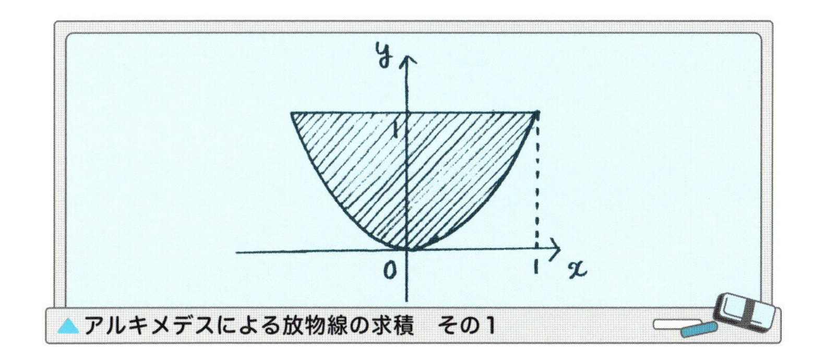

▲アルキメデスによる放物線の求積　その1

簡略化するために、図の半分の部分について考察しましょう。

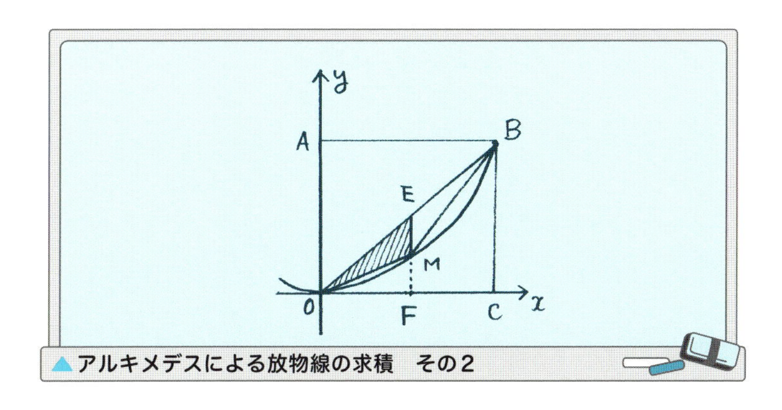

▲アルキメデスによる放物線の求積　その2

放物線の方程式を$y=x^2$としましょう。正方形ABCOの中心E$\left(\frac{1}{2},\ \frac{1}{2}\right)$から底辺COへおろした垂線の足をFとし、EFの中点をMとすると、Mの座標は$\left(\frac{1}{2},\ \frac{1}{4}\right)$ですから、Mは放物線の上にあります。

したがって、三角形の面積について

$$\triangle \mathrm{EOM} = \triangle \mathrm{MOF} = \triangle \mathrm{BEM}$$

が成り立ち、

$$\triangle \mathrm{BOM} = 2\triangle \mathrm{EOM} = \triangle \mathrm{EOF}$$

となり、$\triangle \mathrm{BOM} = \frac{1}{8}$となります。

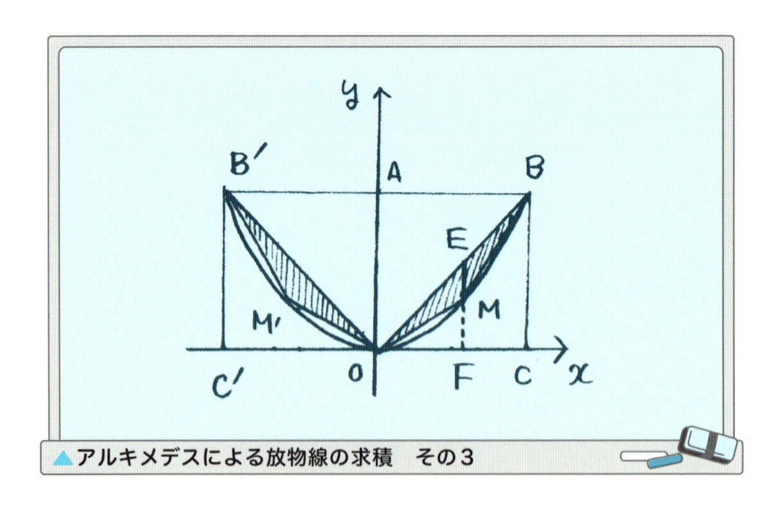

▲アルキメデスによる放物線の求積　その3

これが左右で2つありますから、

$$\triangle \mathrm{BOM} + \triangle \mathrm{B'OM'} = \frac{1}{4}$$

となります。つまり、図の細長い2つの三角形の面積の和は元の面積が1の三角形$\triangle \mathrm{BOB'}$の$\frac{1}{4}$になります。

この議論は全く同様に続けることができ、放物線に次々に付けたしていく2つの三角形の面積は常に元の三角形の面積の$\frac{1}{4}$となります。

したがって、図のように、放物線の内側に次々に三角形をつなげていくと、それぞれの三角形の面積は元の三角形の面積の$\frac{1}{4}$になり、全体の面積は、最初の三角形△BOB′の面積が1ですから

$$S = 1 + \frac{1}{4} + \frac{1}{16} + \frac{1}{64} + \cdots + \frac{1}{4^{n-1}} + \cdots$$

となります。

現在の日本の高校生はこれを初項が1で公比が$\frac{1}{4}$の等比数列の和として計算することができ、その値は

$$S = \frac{1}{1-\frac{1}{4}} = \frac{4}{3}$$

として求まります。

したがって下の図の部分の面積（現在の高校では普通はこちらを計算します）は$2-\frac{4}{3}=\frac{2}{3}=\frac{1}{3}+\frac{1}{3}$です。

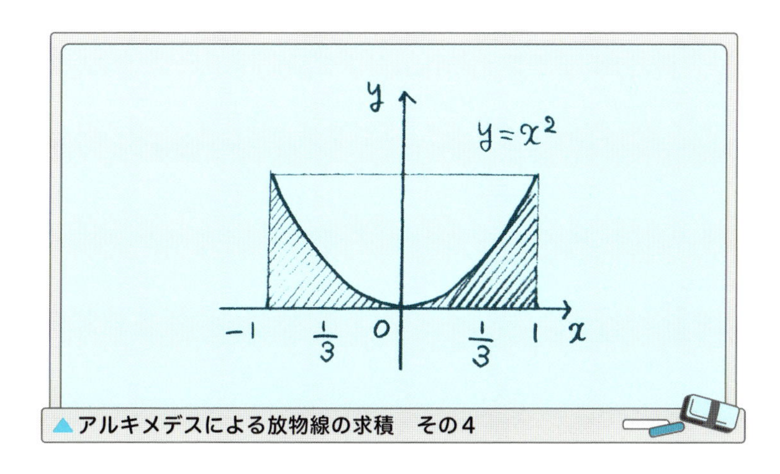

▲アルキメデスによる放物線の求積　その4

しかし、アルキメデスは等比数列の和の公式を知りませんでした。アルキメデスはこの和が$\frac{4}{3}$となることを「とり尽くし法」という天才的な方法で求めました。それはこの和が$\frac{4}{3}$より大きいとしても小さいとしても矛盾が出るという証明で、これはある意味では現代的な極限の方法（$\varepsilon-\sigma$論法）を先取りしていたものだったのです。つまり、放物線で囲まれる部分の面積は、これらの三角形の面積を限りなくたしていくことで「とり尽くされ」てしまうのです。現代的な極限論は誤差をある数値に設定しても、その数値を超えて誤差を小さくできるという議論です。すこし荒っぽくいえば、違いがあるとするとおかしいので違いは検出できない（違いがないといってもいいでしょう）とするものだといっていいと思います。

第 6 章

積分学の方法
分けて和をとる

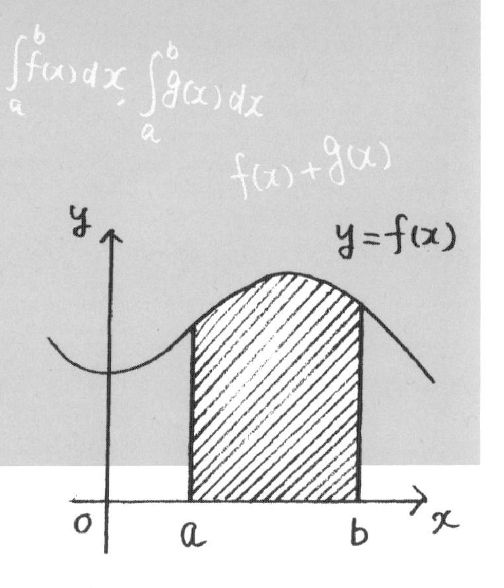

前章でみたように積分の基本的な考え方はすでにアルキメデスの時代からあったのです。これは微分の考え方が17世紀になってフェルマー、デカルトなどによって初めてそれと意識され始めたのとはずいぶん違います。これらの考察はカヴァリエリ、ウォリスなどの数学者の研究を経て、ニュートン、ライプニッツによる微分積分学に結実するのです。

ここでは一息に現代に飛び、積分の定義と性質を紹介しましょう。

6.1 積分の定義

●定義

関数$y=f(x)$に対して、$f(x)$のグラフとx軸上$x=a$から$x=b$までの部分で囲まれた図形の「符号付面積」を$y=f(x)$の$x=a$から$x=b$までの積分といい、記号

$$\int_a^b f(x)dx$$

で表す。

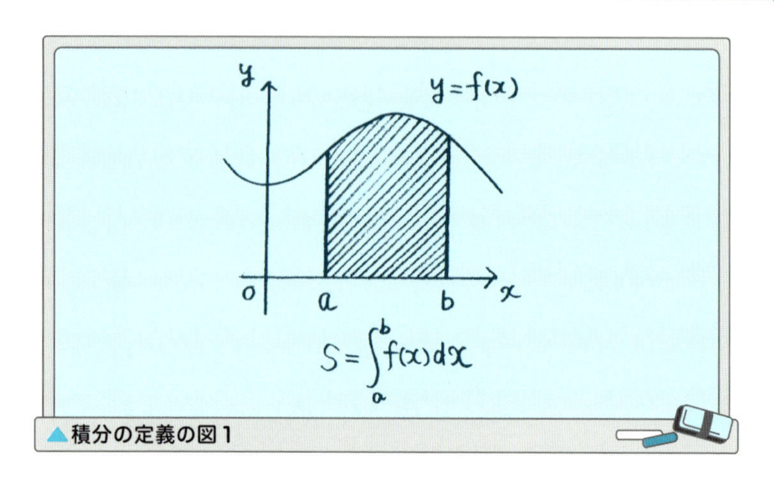

▲積分の定義の図1

「符号付」の意味は、図形がx軸の下側にある場合は面積を負として計算するということです。

これは次のように考えることができます。

点xからのdxだけの変化量に対して、底辺がdxで高さが$f(x)$である長方形を考えます。その面積は、長方形の面積は縦×横ですから

$$f(x)dx$$

です。

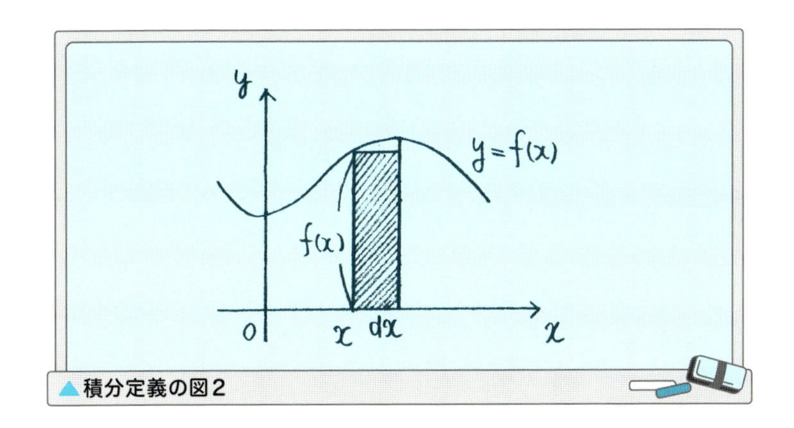

▲積分定義の図2

この細長い長方形（短冊）の面積をaからbまでたせば、求める面積の近似値が得られます。ここでxの変化量dxを0に近づけていけば、この和の値が求める面積になるわけで、普通は区間$a \leqq x \leqq b$をn等分して、その分割を無限に細かくしていった和を考えます。したがって、区間$a \leqq x \leqq b$の分割を

$$a = x_0 < x_1 < x_2 < \cdots < x_n = b$$

とすれば、

$$\int_a^b f(x)dx = \lim \sum_{i=1}^{n} f(x_i)(x_i - x_{i-1})$$

となります。ただし、右辺の極限は区間の分割を無限に細かくする極限で

す。

積分の値を右辺のように分割して求める方法を区分求積法といいます。これはアルキメデスの発想の直接の発展上にあります。ただし、アルキメデスは三角形で埋め尽くして求める図形の面積を計算しました。現代的な積分ではもう少し一般的に上のように長方形で埋め尽くしていきます。

このように積分とは積分する関数（被積分関数）と積分する場所（積分区間）によって定まる数値です。積分は符号付面積なので数値であることは当たり前ですが、ちょっと注意を払っておきましょう。

以下、積分の性質を順番に調べていきますが、積分が関数と場所で決まることから、積分の性質は大きく2つに分けることができることを最初に注意しておきます。それは積分する関数に関係する性質と、積分する場所に関係する性質です。関数に関する性質を「線形性」、場所に関する性質を「加法性」といいます。

6.2 積分の性質（1）　線形性

$$\int_a^b (f(x)+g(x))dx = \int_a^b f(x)dx + \int_a^b g(x)dx$$

$$\int_a^b kf(x)dx = k\int_a^b f(x)dx$$

この性質は、積分という操作と関数の和や定数倍という操作は交換可能である、つまり関数をたしてから積分しても、積分してからたしても結果は変わらないことを示しています。これを積分の線形性といいます。図で示せば、次のようになります。

$f(x),\ g(x) \xrightarrow{+} f(x)+g(x) \xrightarrow{\int} \int_a^b (f(x)+g(x))\,dx$

$f(x),\ g(x) \xrightarrow{\int} \int_a^b f(x)\,dx,\ \int_a^b g(x)\,dx \xrightarrow{+} \int_a^b f(x)\,dx + \int_a^b g(x)\,dx$

$\int_a^b (f(x)+g(x))\,dx = \int_a^b f(x)\,dx + \int_a^b g(x)\,dx$

▲可換の説明図

線形性は次のようにして説明されます。

今、関数$f(x)+g(x)$のグラフを考え、aからbまで積分してみましょう。この積分を上下2つに分けます。

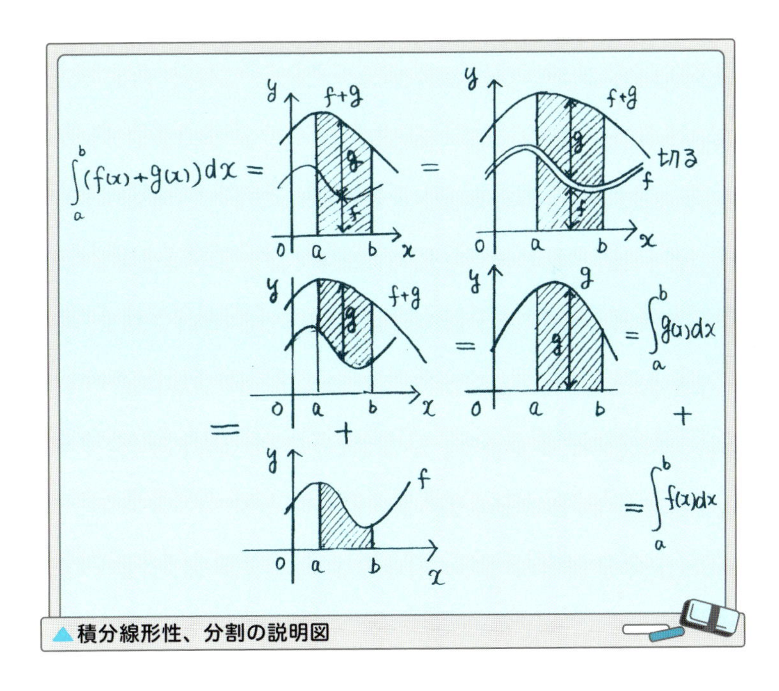

▲積分線形性、分割の説明図

下の積分は定義通り$f(x)$のaからbまでの積分になります。

一方、上の積分は下を平らにするとちょうど$g(x)$のグラフのaからbまでの積分となることが分かります(カヴァリエリの原理)。分割によって

面積は変わりませんから、この2つの積分をたすと元の積分になり、したがって、

$$\int_a^b (f(x)+g(x))dx = \int_a^b f(x)dx + \int_a^b g(x)dx$$

が成り立ちます。定数倍も同様に説明できます。

6.3 積分の性質(2)　加法性

この性質は次の図から明らかでしょう。全体の面積はそれぞれの面積の和になります。これを積分の加法性といいます。

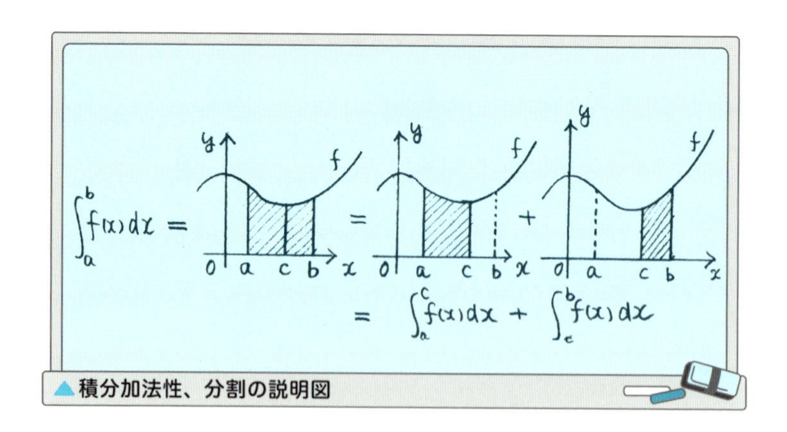

▲積分加法性、分割の説明図

これらの性質は具体的な積分を計算するとき用います。

一方、連続関数の積分については次の重要な性質が成り立ちます。

6.4 積分の性質(3)　平均値の定理

●定理(積分平均値の定理)

連続な関数$f(x)$に対して

$$\int_a^b f(x)dx = f(c)(b-a)$$

となるようなc, $(a<c<b)$が少なくとも1つ存在する。

定理の意味するところは下の図を見ると明らかです。

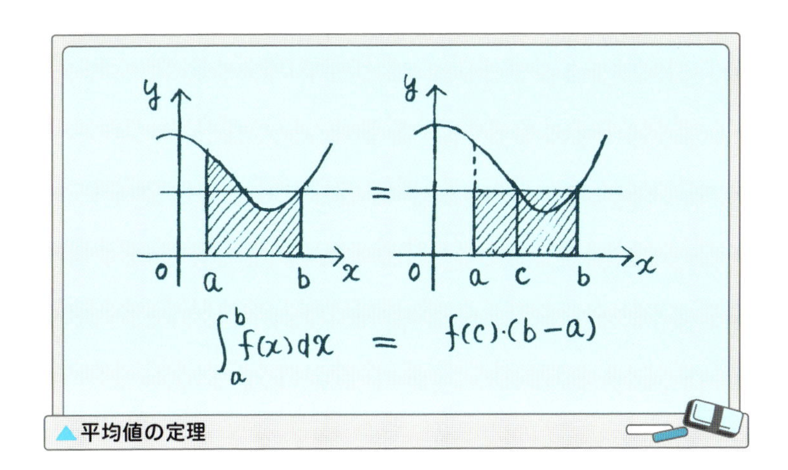

▲平均値の定理

上面が$f(x)$のグラフで蓋をされた(2次元の！)水槽を考えてください。底面は$a \leqq x \leqq b$です。この水槽に水を一杯に注ぎます。上面は蓋がされています。この蓋を取ります。すると水面は平らになり底面と平行になるでしょう。このとき、関数$f(x)$は連続関数なので、グラフは水面が作る平行線と必ず交わります。つまり、長方形の高さが$f(c)$となるようなcがaとbの間に必ず存在します。これが平均値の定理の内容です。

証明には連続関数の最大値、最小値の存在と中間値の定理を使います。

[証明]

$f(x)$の$a \leqq x \leqq b$での最大値をM、最小値をmとすると、

$$m(b-a) \leqq \int_a^b f(x)dx \leqq M(b-a)$$

である。

したがって

$$m \leqq \frac{1}{b-a}\int_a^b f(x)dx \leqq M$$

である。

よって、連続関数における中間値の定理から

$$f(c) = \frac{1}{b-a}\int_a^b f(x)dx \quad (a < c < b)$$

となるcが存在する。分母を払えば求める式を得る。

証明終

この定理は微分法における平均値の定理と同じ内容を持っています。いわば、微分法の平均値の定理の積分による言い換えなのですが、それはもうすこし後でお話しすることにします。ただ、平均値の定理といった時には、実は積分平均値の定理のほうが直観的な理解は容易なのではないかと思います。

第7章

微分と積分の関係
微分積分学の基本定理

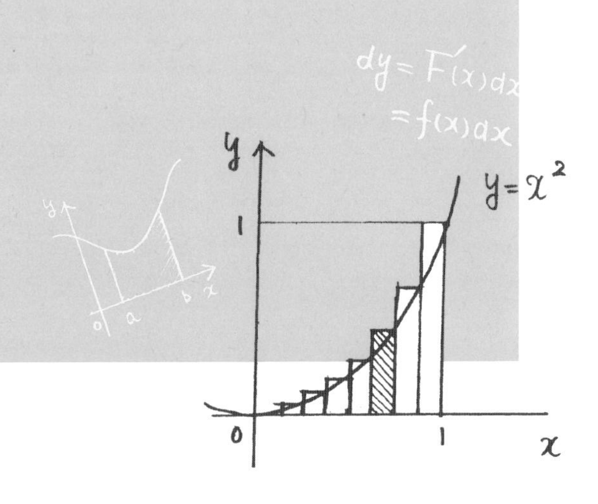

さて、アルキメデスが天才的な方法で求めた放物線の面積ですが、現在では高校生が簡単に面積を計算しています。数学の発展する姿の1つがここにあります。それは、一般論を開拓することによって、個々の問題ではひらめきと工夫を必要とした問題解決も、ごく自然な計算手続きで求まるようになるということです。ここではまず、放物線の面積を求める典型的な2つの方法を紹介しましょう。

7.1 放物線の求積(1) 区分求積法

放物線$y=f(x)=x^2$とx軸、$x=1$で囲まれた部分(図の斜線部)の面積を求めてみます。

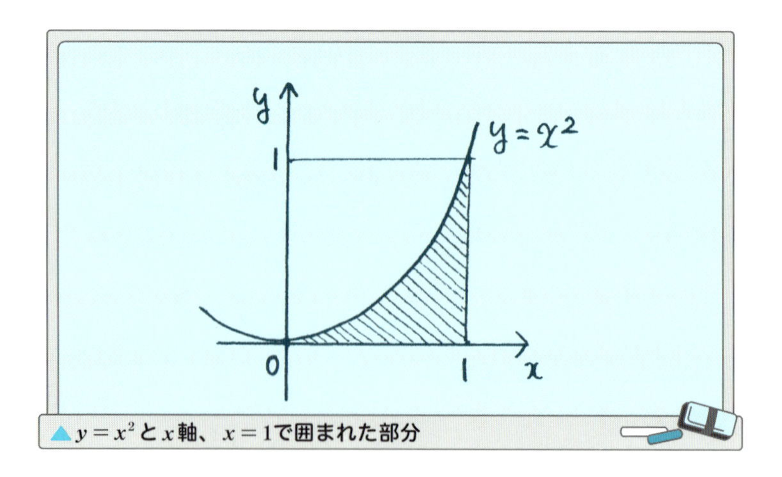

▲$y=x^2$とx軸、$x=1$で囲まれた部分

前に説明したように、面積を求める区間をn等分し、求める部分を短冊状の細長い長方形に区切り、その面積の和を計算して極限をとるという方法(区分求積法)で求めます。

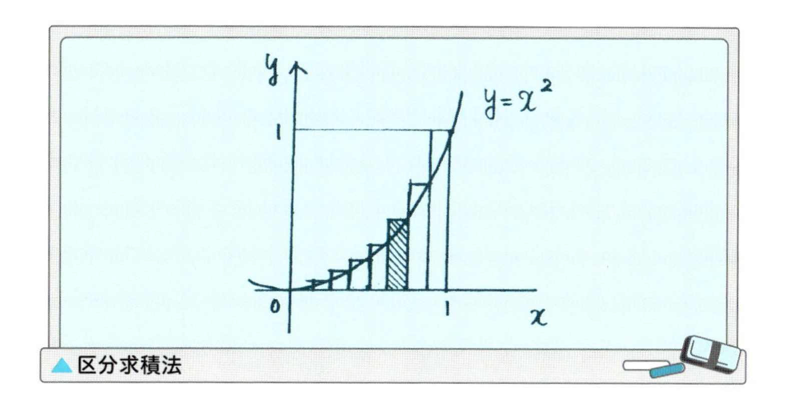

▲区分求積法

区間[0, 1]をn等分すれば、1つ1つの区間の幅は$1/n$で、その右端の値は$1/n$, $2/n$, …, k/n, …, n/nとなりますから左からk番目の長方形の高さは

$$f\left(\frac{k}{n}\right)=\left(\frac{k}{n}\right)^2=\frac{k^2}{n^2}$$

です。

したがってk番目の長方形の面積ΔS_kは底辺×高さですから

$$\Delta S_k=\frac{1}{n}\cdot\frac{k^2}{n^2}=k^2\cdot\frac{1}{n^3}$$

となります。

この長方形の面積を端からたすと

$$\begin{aligned}\sum_{k=1}^{n}\Delta S_k&=1^2\cdot\frac{1}{n^3}+2^2\cdot\frac{1}{n^3}+3^2\cdot\frac{1}{n^3}+\cdots+k^2\cdot\frac{1}{n^3}+\cdots+n^2\cdot\frac{1}{n^3}\\&=\frac{1}{n^3}(1^2+2^2+3^2+\cdots+k^2+\cdots+n^2)\\&=\frac{1}{n^3}\frac{1}{6}n(n+1)(2n+1)\\&=\frac{1}{6}\frac{n}{n}\left(1+\frac{1}{n}\right)\left(2+\frac{1}{n}\right)\\&=\frac{1}{6}\left(1+\frac{1}{n}\right)\left(2+\frac{1}{n}\right)\end{aligned}$$

7

となります。したがって分割をどんどん細かくして$n \to \infty$とすれば

$$\begin{aligned}\lim_{n\to\infty}\sum_{k=1}^{n}\Delta S_k &= \lim_{n\to\infty}\frac{1}{6}\left(1+\frac{1}{n}\right)\left(2+\frac{1}{n}\right)\\ &= \frac{1}{6}\lim_{n\to\infty}\left(1+\frac{1}{n}\right)\left(2+\frac{1}{n}\right)\\ &= \frac{1}{6}\cdot 2\\ &= \frac{1}{3}\end{aligned}$$

となりアルキメデスが見事な方法で求めた面積が無事に求まりました。この方法はいわば、アルキメデスの方法の直接の拡張になっていますが、アルキメデスが三角形を敷き詰めて求めた面積を、もう少し形式的に長方形で敷き詰めることに直して求めているわけです。それでもこの区分求積法が多少の手間と計算を必要としているのは間違いありません。

ところが、現在の高校生たちはもっと簡単な方法で面積を計算しているはずです。

7.2 放物線の求積 (2)

普通はこの$y=x^2$とx軸、$x=1$で囲まれた面積を次のようにして求めます。

$$\begin{aligned}\int_0^1 x^2\,dx &= \left[\frac{1}{3}x^3\right]_0^1\\ &= \frac{1}{3}(1^3-0^3)\\ &= \frac{1}{3}\end{aligned}$$

区分求積の方法と比較してください。区分求積法は確かにアルキメデス

の方法より形式が整っていて簡単ですが、第2の方法のほうがもっと簡単です。ここで$\frac{1}{3}x^3$という関数は$\left(\frac{1}{3}x^3\right)' = x^2$、つまり微分すると$x^2$となる関数で、$x^2$の原始関数といいます。

アルキメデスがその天才を駆使して求めた放物線で囲まれる部分の面積を、ほとんど計算をすることなくあっけなく求めることができました。ここに数学と数学記号の威力があります。私たちはこの計算をあまりに簡単に行ってしまうので、その背後にある数学の力を十分には感じないのかもしれない。しかし、これははっきりと意識すべきことだと思います。私たちは数学と数学記号の力を借りて、どんな人でもアルキメデスと同じように曲線で囲まれた部分の面積を求めることができるようになりました。もちろんこれはアルキメデスを貶めるものではありません。逆にこの視点を持つことによって、アルキメデスという稀有の才能の偉大さを実感できるのではないでしょうか。

7.3 原始関数と微分積分学の基本定理

さて、原始関数を使う積分計算はどうして成り立っているのでしょうか。原始関数を使うと、面積が原始関数の差として計算できる、これを微分積分学の基本定理といいます。どうして基本定理が成り立つのでしょうか。次にそれを考えて行きましょう。

● 定義　原始関数

関数$y = f(x)$に対して$F'(x) = f(x)$となる関数$y = F(x)$を$f(x)$の原始関数という。

原始関数を使うと積分の値は次のようにして求めることができます。これを微分積分学の基本定理といいます。

●微分積分学の基本定理

$\int_a^b f(x)dx = F(b) - F(a)$：ただし$F(x)$は$f(x)$の原始関数である。

基本定理の右辺$F(b)-F(a)$を普通は$[F(x)]_a^b$と書きます。

この定理によって、積分の計算は原始関数を求める計算に帰着します。ただし、ここでは少し注釈が必要なのですが、それはあとで説明します。

基本定理が成り立つのはなぜでしょうか。ここに近代的な微分積分学の核心部分があります。それを順に説明していきますが、その前に簡単ではありますが、とても大切な記号についての注意をしておきます。

それは、積分の記号は形式的なものだということです。どういうことかというと、積分がxで表現されていようとtで表現されていようと、求まる数値は同じだということです。具体的には

$$\int_0^1 x^2\,dx = \int_0^1 t^2\,dt = \int_0^1 s^2\,ds = \cdots = \frac{1}{3}$$

一般には

$$\int_a^b f(x)dx = \int_a^b f(t)dt = \cdots$$

ということで、関数の変数記号がxでもtでも積分の値に変わりはないのです。これは簡単な注意ですが、記号の使い方としてとても便利なので、ちょっと記憶しておいてください。

7.4 微分積分学の基本定理

前に区分求積法で面積を求めた方法をもう一度確認してみましょう。それは面積を求めたい部分を細長い長方形（短冊）の形に分割し、それぞれの長方形の面積（つまり、縦×横）を求めてその和を計算するということでした。このままでは長方形の面積の和は求める面積の近似になっていますが、長方形の横の長さを限りなく短くしていくことで、この和は求める面積にどんどん近づいていく。こうして面積が求まったのでした。

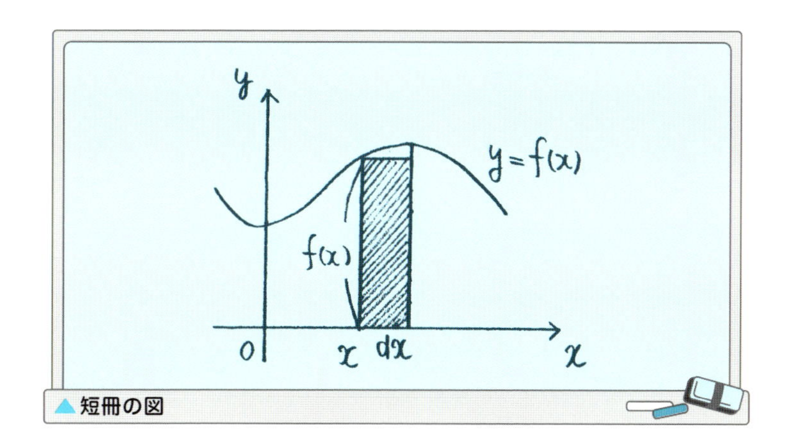

▲短冊の図

ところで、長方形の面積は、縦×横で求まります。上の図でもわかるようにxの変化量をdxとすれば、これが長方形の横の長さで、縦の長さはもちろん$f(x)$ですから、求める長方形の面積S_xは

$$S_x = f(x)dx$$

です。この長方形の面積をaからbまでたすことを

$$\int_a^b f(x)dx$$

と書きました。積分記号の∫（インテグラル）は和Sumの頭文字のSを縦

に引き伸ばしたもので、ライプニッツが初めて使ったものです。この場合は$f(x)dx$を長方形の面積と解釈しています。これはもちろん細長い長方形の面積の総和ですから、aからbまで加えることによって、全体の面積が求まります。これが上の式の解釈に他なりません。

ところが、この記号$f(x)dx$はすでに微分のところで登場していました。それは関数の微分としての記号です。いま$f(x)$の原始関数を$y=F(x)$とすれば、$F'(x)=f(x)$ですから、

$$dy=F'(x)dx=f(x)dx$$

でした。つまり、同じ式$f(x)dx$が今度は長方形の面積ではなく、関数$y=F(x)$の微分としての意味を持つのです。

関数$y=F(x)$の微分とは何だったでしょうか。関数の微分$dy=F'(x)dx$とはxの変化量dxに対してyがどのくらい変化するかというyの変化量dyを表す式で、dyは$F'(x)$を比例定数としてdxに正比例している、という式でした。

この変化量をaからbまで加えるとどうなるか。各点における変化量の総和ですから、それをaからbまで加えることによって、$F(x)$のaからbまでの変化量が求まります。これはもちろんxがaからbまで変化する間に関数$F(x)$がどれくらい変化したかということですから

$$F(b)-F(a)$$

となります。これが上の式のもう1つの解釈に他なりません。

ところがこの2つは同じ式$f(x)dx$の解釈であり、aからbまでの総和をとるという手続きは同じものです。したがって、$f(x)dx$を長方形の面積と考えて和をとれば

$$\int_a^b f(x)dx$$

となり、同じ$f(x)dx$を$F(x)$の変化量と考えて和をとれば

$$F(b)-F(a)$$

となります。これらは同じ式の2つの解釈なのだから、両方の式は同じです。したがって基本定理

$$\int_a^b f(x)dx = F(b)-F(a)$$

が成り立ちます。

これが微分積分学の基本定理の内容です。

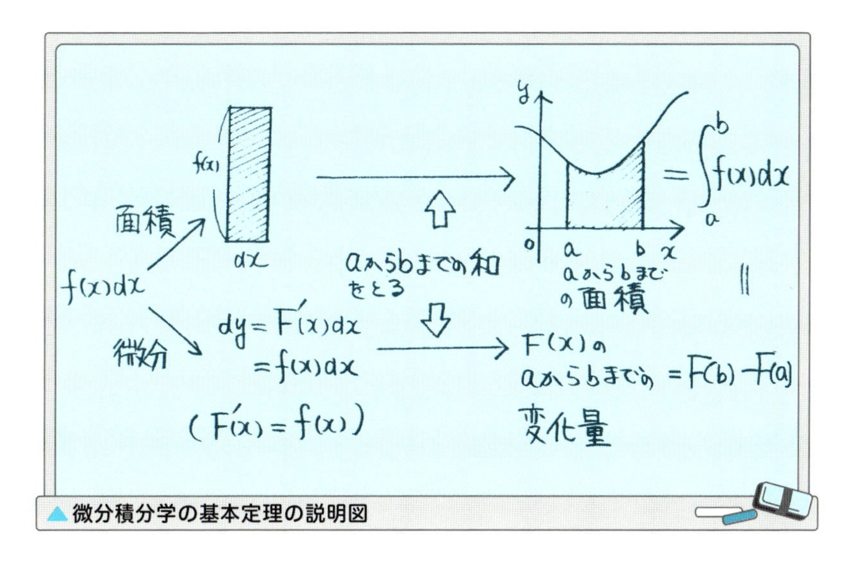

▲微分積分学の基本定理の説明図

結局、微分積分学の基本定理は長方形の「面積」と関数の変化量を表す「関数の微分」という考え方を同時に考察することで得られました。このようにして微分と積分を結びつけることで、近代的な微分積分学は大きな一歩を踏み出したのです。積分という、ある意味では1つ1つの問題に対してそれぞれの工夫を凝らすことによって計算できる問題が、微分と結びついたことで、統一的に計算できるようになった、これが基本定理の内容に他なりません。ここまで来て、微分積分学は近代科学の大きな方法へと発展しました。近代科学は微分積分学を武器として、この宇宙の構造まで

もきちんと解明できるようになったのでした。高等学校で微分積分学を学ぶことは、基本定理が果たした力学的な世界解釈の方法を学ぶということでもあったのです。

ところで、この考え方はとても大切なのですが、技術的なことに限っていうと、いくつかの問題点を含んでいました。それをお話ししましょう。

7.5 基本定理が含んでいる問題

私たちは基本定理によって、面積としての積分の計算が関数の変化量としての原始関数の差で計算できるということを発見しました。この定理によって、積分の計算は原始関数を求めることに帰着し、原始関数が求まれば、積分の値を計算することができます。もう一度原始関数とは何かを確認しておきましょう。

関数$y=f(x)$の原始関数$F(x)$とは$F'(x)=f(x)$、つまり微分すると$f(x)$となる関数です。定数関数は微分すると0になるので、$F(x)$を$f(x)$の1つの原始関数とすると、Cを定数として$F(x)+C$も$f(x)$の原始関数になります。つまり、原始関数は1つには決まりません。

さて、初等関数はどんな関数でも微分できました。ですからこれらに四則演算と合成を繰り返して作られる、広い意味での初等関数はどんな関数でも微分できます。少し複雑な例をあげておきましょう。

例 **次の関数を微分せよ。**

$$y=f(x)=\tan\frac{x-1}{x+1}$$

tanの微分と商の微分、および合成関数の微分を使います。

$\dfrac{x-1}{x+1}=t$ と置いて合成関数の微分規則を使えば、

$$\begin{aligned} y' &= (\tan t)' \cdot t' \\ &= (1+\tan^2 t)\cdot \frac{(x+1)-(x-1)}{(x+1)^2} \\ &= \left(1+\tan^2 \frac{x-1}{x+1}\right)\cdot \frac{2}{(x+1)^2} \end{aligned}$$

例　次の関数を微分せよ。

$$y=f(x)=\log\sqrt{x^2+1}$$

こんどは対数関数の性質と微分、および合成関数の微分規則を2回使えば、

$$\begin{aligned} y' &= \left(\log\sqrt{x^2+1}\right)' \\ &= \left(\frac{1}{2}\log(x^2+1)\right)' \\ &= \frac{1}{2}\cdot\frac{1}{x^2+1}\cdot 2x \\ &= \frac{x}{x^2+1} \end{aligned}$$

このように、広い意味での初等関数はいつでも微分ができ、導関数が求まります。では、原始関数はどうでしょうか。

7.6 原始関数の存在

初等関数に対して原始関数は存在するでしょうか。こういう問題意識は、高等学校などで部分積分学を学んでいると、なかなか出てこないようです。「次の原始関数を求めよ」という形で問題が提出されることが多いので、「原始関数があるのだろうか」という疑問が起きにくいのかもしれ

ません。しかし、進んだ数学では、そもそも求めるものが本当にあるのだろうか、という問題意識はとても大切で基本的なものです。

では原始関数はあるのでしょうか。

連続関数$y=f(x)$に対して、積分の上端を変数xで置きかえた次の関数を考えます。

$$F(x)=\int_a^x f(t)dt$$

この積分が存在することは「連続関数は閉区間で一様連続である」という大切な定理を用いて証明できます。本書ではこの定理の証明は省略します。詳細は拙著「無限と連続の数学　部分積分学の基礎理論案内」(東京図書)を参照してください。

この定理を使うと、関数$y=F(x)$が確かに存在することが分かります。実際にこの関数$F(x)$が$f(x)$の原始関数となることは次のようにして証明できます。

●定理

$$F(x)=\int_a^x f(t)dt$$

は$f(x)$の原始関数(の1つ)である。

[証明]

$F(x)$の導関数を具体的に計算すると、

$$\begin{aligned} F'(x)&=\lim_{h\to 0}\frac{F(x+h)-F(x)}{h}\\ &=\lim_{h\to 0}\frac{1}{h}\left(\int_a^{x+h}f(t)dt-\int_a^x f(t)dt\right)\\ &=\lim_{h\to 0}\frac{1}{h}\int_x^{x+h}f(t)dt \end{aligned}$$

ここで、$f(x)$が連続関数だから、積分平均値の定理を使うと、(積分区間の長さがhであることに注意してください)

$$\int_x^{x+h} f(t)dt = f(c)h, \ (x < c < x+h)$$

となるcが存在する。

したがって、

$$\begin{aligned} F'(x) &= \lim_{h \to 0} \frac{1}{h} \int_x^{x+h} f(t)dt \\ &= \lim_{h \to 0} \frac{1}{h} f(c)h \\ &= \lim_{h \to 0} f(c) \end{aligned}$$

ここで$h \to 0$のとき$c \to x$だから

$$\lim_{h \to 0} f(c) = f(x)$$

となり、たしかに

$$F(x) = \int_a^x f(t)dt$$

は$f(x)$の原始関数の1つである。

証明終

これで連続関数に対しては確かに原始関数が存在することが分かります。しかし、この原始関数は積分記号を使って定義されていて、残念ながら初等関数ではないのです。試しに関数$y = e^{x^2}$に基本定理を当てはめると、こんなことになってしまいます。

関数$y = e^{x^2}$の原始関数を

$$F(x) = \int_0^x e^{t^2} dt$$

としましょう。

$$\begin{aligned}\int_1^2 e^{x^2}dx &= F(2)-F(1)\\ &= \int_0^2 e^{t^2}dt-\int_0^1 e^{t^2}dt\\ &= \int_1^2 e^{t^2}dt\end{aligned}$$

となってしまい、これでは循環論法になるだけで、確かに式としては正しいのですが、残念ながら積分の値を求めることはできないのです。

7.7 原始関数は求まらない？

このように積分記号を用いれば、連続関数に対してその原始関数が存在することが証明されます。しかし、この原始関数は残念ながら初等関数ではなく、その値を計算することができません。

「原始関数は求まらない？」という少し大げさなタイトルを掲げましたが、じつはほとんどすべての初等関数に対してその原始関数は存在はするが、初等関数の範囲内では求まらないことが知られています。

具体的には

$$\frac{e^x}{x},\ \frac{\sin x}{x},\ e^{x^2},\ \frac{\sqrt{(1-x^2)(1-k^2x^2)}}{1-x^2},\ \frac{1}{\sqrt{(1-x^2)(1-k^2x^2)}}$$

などはどれも広い意味での簡単な初等関数（最後の2つの関数はあまり簡単ではありませんが、この関数の積分は楕円積分と呼ばれる重要な積分です。）ですが、その原始関数は初等関数の範囲内では求まらないことが知られています。また無理関数の原始関数はほとんどすべてが求まりません。

存在はするけれど、（ある条件を付けると）それを具体的に求めることができない、という例は数学の中にたくさんあります。数学では「存在すること」と「求まること」を厳密に区別している、これは数学という学問の1つの立場なのです。いくつか例を挙げましょう。

例 原始関数

上に述べたように、連続な初等関数の原始関数はかならず存在しますが、大部分の初等関数について、その原始関数を初等関数の中で求めることはできません。これは数学の不自由さではありません。むしろ、その事実を梃子にして、数学は新しい分野を切り開いてきたのでした。その例が最後の楕円積分です。

$$a\int_0^x \frac{\sqrt{(1-x^2)(1-k^2x^2)}}{1-x^2}\,dx$$

は楕円の弧の長さを計算するときに出てくる積分で、第2種の楕円積分と呼ばれます。また、最後の積分は第1種楕円積分と呼ばれ、ガウスが研究したことで知られています。これらの研究はのちに楕円関数の研究という数学に結実しました。

例 角の三等分線の作図

角を三等分する直線が存在することは直観的には明らかでしょうし、中間値の定理を使えば厳密に証明することもできます。しかし、その存在する直線を「コンパスと定規」で求めることは一般には不可能です。角の三等分のコンパスと定規による作図不可能性も、アマチュアも含めた多くの数学者を惹きつけてきた問題でした。この不可能性は現在では厳密に証明されています。

例　方程式の解の公式

複素数を係数とする任意の次数の代数方程式

$$a_n x^n + a_{n-1} x^{n-1} + a_{n-2} x^{n-2} + \cdots + a_1 x + a_0 = 0$$

が複素数の中で（重複も含めて）n個の解を持っていることはガウスが「代数学の基本定理」として証明しました。では、その存在する解を方程式の係数の代数的な式、つまり解の公式として表すことができるだろうか。これは18,19世紀を通じて数学の大問題でした。最終的に、5次以上の代数方程式には解の公式が存在しないことがアーベル、ガロアによって明らかにされました。これを少しくだけたいい方で「方程式の解は存在するが求まらない」と表現するとちょっと誤解を招きそうです。ここでいう求まらないとは、代数的には求まらないという意味で、もちろん、使う手段をもう少し広げれば、方程式の解を求めることはできます。

以上で微分積分学の考え方についての説明を終わります。積分が微分より古い歴史を持つ数学であること、また、微分が関数の変化の様子を局所的な正比例関数で近似して考える数学であることを、いろいろな例を挙げて説明してきました。

しかし、数学はある意味ではとても実用的な学問です。つまり、微分積分学の具体的な方法、計算技術は実際の学問としての数学ではとても大切です。計算技術を伴わない数学はややもすると深い理解を妨げることもあります。数学の技術を学ぶことは、数学の理念をもう一段階深める方法でもあります。もちろん、理念を伴わない技術は残念ながら役立たない。自分が今行っている計算はいったい何なのかを理解してはじめて技術は輝くのです。

第2部では微分積分学の初等的な技術を、1部では証明を省略した部分も含めてお話ししたいと思います。

第8章

導関数の計算

dF = df + dg

$\frac{dx}{dy} = \cos x$

A
P
tanθ
sinθ
θ
O
H
B

8.1 導関数を求めるということ

第1部では微分積分学の基本的な考え方を最小限の数式だけを使って説明してきました。最後にお話ししたように、数学で最も大切なことは、自分が今行っている計算がどんな意味を持つのかを理解することです。じつは数式はとても便利な道具（言葉）で、俗に機械的な計算などといいますが、意味を考えなくても計算をすることができてしまいます。それは数学にとってもとても大切なことで、計算は数学を遂行するための歯車であり潤滑油でもあります。しかし、意味を考えなくてもいい、ということと意味など分からなくてもいいというのは微妙に違います。確かに数学をしているとき、多くの数学者は計算の意味をいちいち考えてはいないでしょう。しかし、それは数式を逐一意味に則って変形していくのではなく、形式的な約束を利用して変形しているのだという意味で、意味を全く欠いているということではありません。数学者たちは自分の行っている計算の意味は理解しているのです。計算の意味理解と計算の技術習得は数学の両輪といっていいでしょう。

第1部では微分積分学の意味の部分について少し詳しく説明しました。第2部では微分積分学の計算技術について説明していきます。

関数$y=f(x)$が微分できることの定義をもう一度書いておきます。

●定義　微分可能性と導関数

関数$y=f(x)$について、

$$\lim_{h\to 0}\frac{f(a+h)-f(a)}{h}$$

が収束するとき、その値を$f'(a)$と書いて、$x=a$で微分可能といい、$f'(a)$を$x=a$での微分係数という。また、任意のaで微分可能である時、$f(x)$は微分可能であるといい、aをxで置きかえた

$$\lim_{h\to 0}\frac{f(x+h)-f(x)}{h}$$

を$f(x)$の導関数といい、$f'(x)$と書く。

この書き方に従えば、微分係数とは導関数$f'(x)$の$x=a$における値に他なりません。したがって、微分係数を求めるには、導関数を求めておけばいいのです。

第1部で初等関数について説明しました。初等関数はすべて微分できます。これから順番に初等関数の導関数を計算していきますが、その前に微分学の公式について説明しておきましょう。

微分学の公式は大きく分けて2種類あります。それは微分の文法と単語にあたるものです。微分の文法とは、関数の演算に対して微分計算がどのように振舞うかということです。また、単語とはそれぞれの初等関数の導関数がどうなるかということです。この2つを組み合わせることで、関数の微分（導関数）が計算できるようになります。

8.2 微分計算の文法

第1部でお話ししたように、関数の演算には四則と合成の5つがあります。最初に四則から説明します。

関数の和、差と定数倍

微分できる関数$f(x)$と$g(x)$についてその和$f(x)+g(x)$の導関数がどうなるかを求めてみましょう。

$$F(x)=f(x)+g(x)$$

とします。普通は次のように計算します。

$$\begin{aligned}F'(x)&=\lim_{h\to 0}\frac{F(x+h)-F(x)}{h}\\&=\lim_{h\to 0}\frac{(f(x+h)+g(x+h))-(f(x)+g(x))}{h}\\&=\lim_{h\to 0}\frac{(f(x+h)-f(x))+(g(x+h)-g(x))}{h}\\&=\left(\lim_{h\to 0}\frac{f(x+h)-f(x)}{h}\right)+\left(\lim_{h\to 0}\frac{g(x+h)-g(x)}{h}\right)\\&=f'(x)+g'(x)\end{aligned}$$

ここでは、収束する場合は関数の極限を分けて計算してよいことを使っています。ところで、第1部で私たちは微分という考え方を扱いました。これを使って上の計算をもう一度見直してみます。

関数$y=f(x)$の微分とは、xがdxだけ変化するとき、関数fの変化量dfを表す式で

$$df=f'(x)dx$$

で表されました。

和の関数$F(x)=f(x)+g(x)$の微分を考えましょう。この場合、関数Fの変化量dFはもちろん$F'(x)dx$ですが、全体の変化量はそれぞれの変化量をたしたものに他なりません。

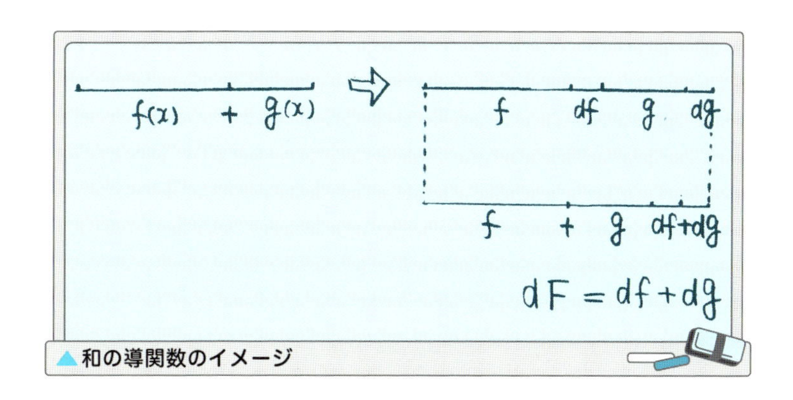

▲和の導関数のイメージ

したがって、

$$dF=d(f+g)=df+dg$$

となり、$df=f'(x)dx$, $dg=g'(x)dx$ですから、

$$dF=f'(x)dx+g'(x)dx=(f'(x)+g'(x))dx$$

ですが、$dF=F'(x)dx$ですから、

$$F'(x)=(f(x)+g(x))'=f'(x)+g'(x)$$

となります。

定数倍についても全く同じで、関数$F(x)=kf(x)$の微分を計算すれば

$$dF=d(kf(x))=kdf=kf'(x)dx$$

ですから、$(kf(x))'=kf'(x)$となります。

ここでkを-1とすれば、差についても

$$\begin{aligned}(f(x)-g(x))'&=(f(x)+(-g(x))')\\&=f'(x)+(-g(x))'\\&=f'(x)-g'(x)\end{aligned}$$

となり、

$$(f(x)-g(x))'=f'(x)-g'(x)$$

が成り立ちます。

8.3 関数の積

関数の和(と差)については微分計算は自然に振舞っていました。標語的に言えば、「和の微分は微分の和となる」ということで、別の言い方をすれば、関数の和をとる演算と微分演算は交換可能だということです。関数の積$F(x)=f(x)g(x)$についても微分が自然に振舞い、「積の微分は微分の積になる」となるといいのですが、残念ながら、積については微分はあまり自然には振舞いません。それは関数値のかけ算が両方の関数に関係してしまうからです。最初に普通の証明を紹介します。

$F(x)=f(x)g(x)$としましょう。

$$\begin{aligned}
F'(x)&=\lim_{h\to0}\frac{F(x+h)-F(x)}{h}\\
&=\lim_{h\to0}\frac{f(x+h)g(x+h)-f(x)g(x)}{h}\\
&=\lim_{h\to0}\frac{f(x+h)g(x+h)-f(x)g(x+h)+f(x)g(x+h)-f(x)g(x)}{h}\\
&=\lim_{h\to0}\frac{f(x+h)g(x+h)-f(x)g(x+h)}{h}+\lim_{h\to0}\frac{f(x)g(x+h)-f(x)g(x)}{h}\\
&=\left(\lim_{h\to0}\frac{f(x+h)-f(x)}{h}\,g(x+h)\right)+\left(\lim_{h\to0}f(x)\frac{g(x+h)-g(x)}{h}\right)\\
&=f'(x)g(x)+f(x)g'(x)
\end{aligned}$$

ここで、微分できる関数は連続なので、$\lim_{h\to0}g(x+h)=g(x)$となることを使っています。途中に計算の技術として、$-f(x)g(x+h)+f(x)g(x+h)$

を挟むところがアイデアです。

ところでこれを微分の計算として考えてみましょう。

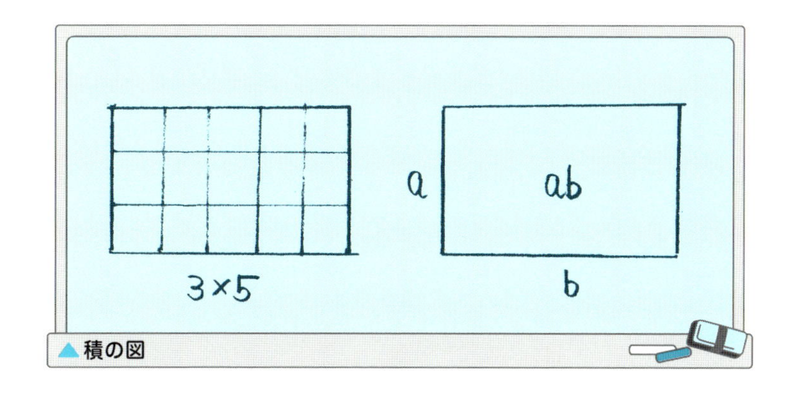

▲積の図

私たちは小学校以来、かけ算（積）のイメージとして長方形の面積、つまり縦×横を使ってきました。それを関数の積に応用してみます。

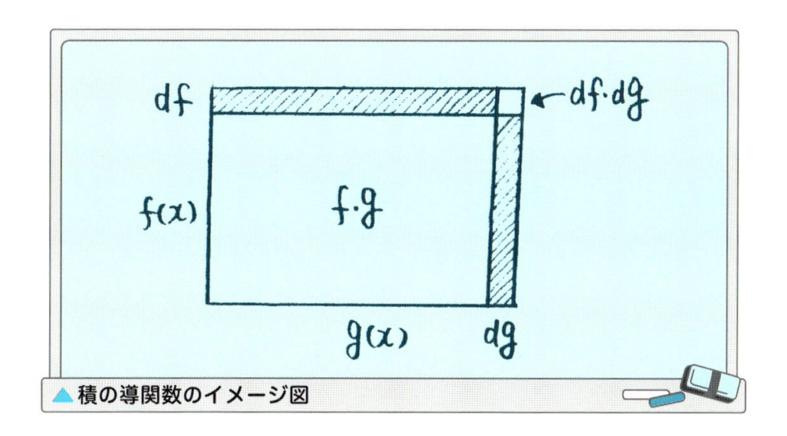

▲積の導関数のイメージ図

縦が$f(x)$、横が$g(x)$の長方形の面積$F(x)$を考えます。もちろん面積は$F(x)=f(x)g(x)$です。ここで、xがdxだけ変化したとき、縦がdf、横がdgだけ変化したとしましょう。面積は$(f+df)(g+dg)$となります。したがって面積の変化量は

$$F(x+dx)-F(x)=(f+df)(g+dg)-fg=(df)g+f(dg)+(df)(dg)$$

となります。

この式の最後の項、$(df)(dg)$は図の右上の小さい四角形ですが、この部分は全体の変化量から見るとごく微量なので無視してしまうと、面積の変化量は

$dF=(df)g+f(dg)=f'(x)dx\,g(x)+f(x)g'(x)dx=(f'(x)g(x)+f(x)g'(x))dx$

となり、$dF=F'(x)dx=(f(x)g(x))'dx$ですから

$$(f(x)g(x))'=f'(x)g(x)+f(x)g'(x)$$

が得られます。

積の導関数についてはあとで合成のところでもう一度触れます。

8.4 関数の商

関数の商$\dfrac{f(x)}{g(x)}$の導関数も形式的に計算できます。

$$
\begin{aligned}
F'(x) &= \lim_{h\to 0}\frac{F(x+h)-F(x)}{h}\\
&= \lim_{h\to 0}\frac{1}{h}\left(\frac{f(x+h)}{g(x+h)}-\frac{f(x)}{g(x)}\right)\\
&= \lim_{h\to 0}\frac{1}{g(x+h)g(x)}\left(\frac{f(x+h)g(x)-f(x)g(x+h)}{h}\right)\\
&= \lim_{h\to 0}\frac{1}{g(x+h)g(x)}\left(\frac{(f(x+h)-f(x))g(x)-f(x)(g(x+h)-g(x))}{h}\right)\\
&= \left(\lim_{h\to 0}\frac{1}{g(x+h)g(x)}\,\frac{(f(x+h)-f(x))g(x)}{h}\right)\\
&\quad -\left(\lim_{h\to 0}\frac{1}{g(x+h)g(x)}\,\frac{f(x)(g(x+h)-g(x))}{h}\right)\\
&= \frac{f'(x)g(x)-f(x)g'(x)}{(g(x))^2}
\end{aligned}
$$

こんども微分を使って説明してみましょう。

$$F(x)=\frac{f(x)}{g(x)}$$

とします。簡単のため、$F=\dfrac{f}{g}$とします。この式の分母を払うと、$Fg=f$となり両辺の微分を計算すると、先ほどの積の微分の公式を使って、

$$d(Fg)=(dF)g+F(dg)=df$$

となります。この式をFの微分dFについて解けば、

$$dF=\frac{df-F(dg)}{g}$$

となりますが、ここで$F=\dfrac{f}{g}$を代入すれば

$$\begin{aligned}dF&=\frac{df-F(dg)}{g}\\&=\frac{df-\dfrac{f}{g}(dg)}{g}\\&=\frac{(df)g-f(dg)}{g^2}\end{aligned}$$

となりますから、$df=f'(x)dx,\ dg=g'(x)dx$に注意して整理すれば

$$dF=\left(\frac{f'(x)g(x)-f(x)g'(x)}{(g(x))^2}\right)dx$$

となり、公式

$$\left(\frac{f(x)}{g(x)}\right)'=\frac{f'(x)g(x)-f(x)g'(x)}{(g(x))^2}$$

が得られます。

この計算は$F(x)$の微分可能性を仮定してしまうのが難点ですが、計算

としてはすっきりとして分かりやすいと思います。

では最後にもう1つの積の公式、合成、について説明します。

8.5 関数の合成

上で関数の積の微分計算の公式を説明しました。$(fg)'=f'g+fg'$という式でした。これは長方形の面積を使って説明できますが、微分計算は積についてはあまり自然に振舞いませんでした。それはなぜでしょうか。

私たちが関数の積といっているのは、実際は「関数の値の積」のことです。もちろん関数値の積を考えることは大切ですが、もともと関数とはfunction、つまり機能という意味です。ですから関数本来の積としては数値の積ではなく、関数の機能の積を考えるべきです。このような関数の機能の積を普通は「関数の合成」といいます。

●定義　合成

関数$y=f(t)$に対して、tがxの関数$t=g(x)$となっているとき、tを仲立ちとして、yはxの関数となる。このxの関数yを合成関数といい$y=f(g(x))$とかく。

$$x \xrightarrow{g(x)} t \xrightarrow{f(t)} y$$

これは形式的に見ればなんのことはない、tにxの式を代入すればyがxの関数になるということに他なりません。

このときyの微分の計算はどうなるでしょうか。合成関数の場合は微分を使うのが簡明です。合成関数を$y=F(x)=f(g(x))$としましょう。

関数$y=f(t)$の（形式的な）微分を求めると、$dy=f'(t)dt$、同様に$t=g(x)$の微分を求めると、$dt=g'(x)dx$です。したがって前の式のdtに

後の式のdtを代入すると、

$$dy = f'(t)g'(x)dx$$

となり、これがyのxについての微分です。導関数でいえば、

$$(f(g(x))' = f'(t)g'(x) = f'(g(x))g'(x)$$

です。

これで見ると、合成という「関数の機能の積」については、微分計算は自然に振舞っていて、合成関数の導関数はそれぞれの導関数の積になることが分かります。これはちょっと振り返ってみると、とても当たり前なことです。微分とは、関数を局所的には正比例関数と考えるということでした。yがtに正比例していて、その比例定数がa、同様にtがxに正比例していて、その比例定数がbのとき、

$$y = at,\ t = bx$$

です。このときyはxに正比例し、その比例定数が2つの比例定数の積abになることは

$$y = at = a(bx) = (ab)x$$

からすぐに分かります。合成の微分計算とはこの式を一般の関数に拡張したものなのです。

また、yがxの関数の時、$g(y)$をxで微分すると、合成関数の微分法を使えば、$g(y)$をyで微分してから、yをxで微分したもの、（これがy'です！）をかければよいので

$$(g(y))' = g'(y) \cdot y'$$

という公式が得られます。この公式は合成関数の導関数を機械的に計算するとき、記憶していると便利です。

以上で、微分計算の文法編はおしまいです。最後に公式集としてまとめておきます。具体的な計算は、初等関数の導関数の計算のところで紹介します。

●微分計算公式集

$$(f(x)+g(x))'=f'(x)+g'(x)$$

$$(kf(x))'=kf'(x)$$

$$(f(x)-g(x))'=f'(x)-g'(x)$$

$$(f(x)g(x))'=f'(x)g(x)+f(x)g'(x)$$

$$\left(\frac{f(x)}{g(x)}\right)'=\frac{f'(x)g(x)-f(x)g'(x)}{(g(x))^2}$$

$$(f(g(x)))'=f'(t)g'(x)=f'(g(x))g'(x)$$

8.6 初等関数の導関数

前章で説明した微分計算の公式を具体的な関数に当てはめて、関数の導関数を計算しましょう。そのために、7種類の初等関数の導関数を求めます。いわば微分計算の単語帳です。

1. 多項式関数

多項式関数の導関数を求めましょう。多項式関数はax^nという関数の和で表される関数ですから、x^nの導関数さえ求まれば微分計算公式集から導関数が求まります。

$$(x^n)'=nx^{n-1}$$

証明はいろいろとありますが、ここでは数学的帰納法を使った証明を紹介します。

(1) $n=0$、$n=1$のとき

$x^0=1$だから、$f(x)=x^0$は定数関数$f(x)=1$である。したがって

$$
\begin{aligned}
f'(x) &= \lim_{h \to 0} \frac{f(x+h)-f(x)}{h} \\
&= \lim_{h \to 0} \frac{1-1}{h} \\
&= \lim_{h \to 0} \frac{0}{h} \\
&= 0
\end{aligned}
$$

一方、$n=0$のとき、$nx^{n-1}=0$だから、公式は成り立つ。

また、$n=1$のとき

$$
\begin{aligned}
(x)' &= \lim_{h \to 0} \frac{(x+h)-x}{h} \\
&= \lim_{h \to 0} \frac{h}{h} \\
&= \lim_{h \to 0} 1 \\
&= 1
\end{aligned}
$$

一方、$n=1$のとき、$nx^{n-1}=1$だから、公式は成り立つ。

(2)　$n-1$までの成立を仮定して、nのときを示す。積の公式を利用して、

$$
\begin{aligned}
(x^n)' &= (xx^{n-1})' \\
&= x'x^{n-1}+x(x^{n-1})' \\
&= x^{n-1}+x(n-1)x^{n-2} \\
&= x^{n-1}+(n-1)x^{n-1} \\
&= nx^{n-1}
\end{aligned}
$$

となり成立する。

これで、すべての多項式関数の導関数が求まります。最初なので少し丁寧に計算しましょう。

例 $\boldsymbol{y=3x^3-4x^2+x+1}$

$$\begin{aligned} y' &= (3x^3-4x^2+x+1)' \\ &= 3(x^3)'-4(x^2)'+(x)'+1' \\ &= 3(3x^2)-4(2x)+1 \\ &= 9x^2-8x+1 \end{aligned}$$

例 $\boldsymbol{y=(x^3-1)(2x+3)}$

そのまま、積の公式を使って微分すれば、

$$\begin{aligned} y' &= (x^3-1)'(2x+3)+(x^3-1)(2x+3)' \\ &= 3x^2(2x+3)+(x^3-1)2 \\ &= 6x^3+9x^2+2x^3-2 \\ &= 8x^3+9x^2-2 \end{aligned}$$

一度展開すると、$y=2x^4+3x^3-2x-3$だから

$$\begin{aligned} y' &= (2x^4+3x^3-2x-3)' \\ &= 8x^3+9x^2-2 \end{aligned}$$

簡単に展開できる場合は、積の公式を使うより展開して微分したほうが間違いが少ないようです。

2. 分数関数

分数関数は多項式/多項式の形をした関数ですから、商の公式を使えば、多項式の計算と同様に微分が求まりますが、計算は煩雑になることも多く、手間がかかります。

例 $y=\dfrac{2x-3}{x^2+3x+1}$

$$\begin{aligned} y' &= \frac{(2x-3)'(x^2+3x+1)-(2x-3)(x^2+3x+1)'}{(x^2+3x+1)^2} \\ &= \frac{2(x^2+3x+1)-(2x-3)(2x+3)}{(x^2+3x+1)^2} \\ &= \frac{-2x^2+6x+11}{(x^2+3x+1)^2} \end{aligned}$$

なお、分数関数の場合、とくに分子が1ならば$(1)'=0$ですから、$\dfrac{1}{g(x)}$ について商の公式を用いれば、

$$y' = -\frac{g'(x)}{(g(x))^2}$$

となり、これも公式として記憶しておくと便利です。

例 $y=\dfrac{1}{x}$

$$y' = -\frac{1}{x^2}$$

例 $y=\dfrac{1}{x^2}$

$$y' = -\frac{2x}{x^4} = -\frac{2}{x^3}$$

この2つの例を見ると、$\dfrac{1}{x}=x^{-1}$, $\dfrac{1}{x^2}=x^{-2}$ですから

$$\left(\frac{1}{x}\right)' = (x^{-1})' = -x^{-2},\ \left(\frac{1}{x^2}\right)' = (x^{-2})' = -2x^{-3}$$

となって、公式$(x^\alpha)'=\alpha x^{\alpha-1}$が$\alpha=-1$, -2の時に成り立っていることが分かります。実際に、この公式はαが整数でなくても一般の実数について成り立ちますが、それは対数関数のところで説明します。

3. 無理関数

無理関数については、公式$(x^{\alpha})'=\alpha x^{\alpha-1}$を説明するところでお話しします。

4. 指数関数

一般の指数関数$y=f(x)=a^x$, $(a\neq 1,\ a>0)$の導関数を定義に従って計算してみます。これは多少技巧的な計算で、指数法則と$a^0=1$、および$f'(0)$の定義を使っています。

$$
\begin{aligned}
y' &= \lim_{h\to 0}\frac{f(x+h)-f(x)}{h}\\
&= \lim_{h\to 0}\frac{a^{x+h}-a^x}{h}\\
&= \lim_{h\to 0}\frac{a^x a^h-a^x}{h}\\
&= \lim_{h\to 0}\frac{a^x(a^h-1)}{h}\\
&= a^x\lim_{h\to 0}\frac{a^{0+h}-a^0}{h}\\
&= a^x f'(0)
\end{aligned}
$$

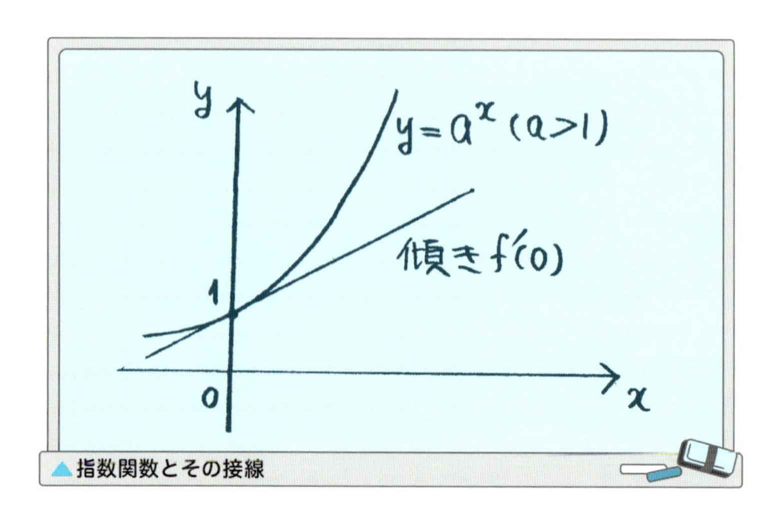

▲指数関数とその接線

この計算を見ると、指数関数の導関数は$x=0$での微分係数の値$f'(0)$が分かれば決まることが分かります。

ところが、$f'(0)$は$x=0$での接線の傾きで、この値はaを1より大きくしていくと大きくなって傾きは急になり、1に近づけて小さくしていくと小さくなって傾きは水平に近くなります。したがって、ちょうどどこかで$f'(0)=1$となるaの値があるはずです。この値を指数関数の底にとると、導関数はとても簡単になります。このaを記号eで表します。微分積分学では指数関数の底はeにとるのが普通です。eは数学者オイラーが初めて使った記号で、$e=2.71828182845904\cdots$と続く無理数であることが分かっています。したがって次の公式が得られます。

●公式

$$(e^x)'=e^x$$

この公式はすでに第1部のテイラー展開のところで証明なしに使いました。

指数関数$y=e^x$は$y'=y$となるただ1つの関数です。

一般の指数関数$y=a^x$については、$a^x=e^{x\log a}$であることを使うと、合成関数の公式から$x\log a=t$とおいて微分すれば

$$(e^t)'=e^t t'=e^{x\log a}\log a=a^x\log a$$

となり、公式

$$(a^x)'=a^x\log a$$

が得られます。

5. 対数関数

対数関数を微分するために、対数関数とは指数関数の逆関数だったことを思い出してください。ここで対数関数の底は指数関数で見つけたeを使

います。微分積分学ではいつもこの底を使うので、底を省略して$y=\log x$と書き、自然対数といいます。さて、対数関数は指数関数の逆関数なので、

$$y=\log x \Longleftrightarrow x=e^y$$

でした。

この式で右側の式の微分を計算すると$(e^y)'=e^y$に注意して

$$dx=e^y\,dy$$

となります。記号を機械的に運用していることに十分注意しましょう。この式は$y=f(x)$の微分が$dy=f'(x)dx$となることを、式$x=e^y$に当てはめた式です。

この式をdyについて解けば、$dy=\dfrac{1}{e^y}dx$ですが、$e^y=x$ですから$dy=\dfrac{1}{x}dx$です。$y=\log x$なので、$dy=(\log x)'dx$ですから次の公式が求まりました。

●公式

$$(\log x)'=\frac{1}{x}$$

一般の底の場合$y=\log_a x$として、$x=a^y=e^{y\log a}$を使えば、同様に微分の計算ができ、公式

$$(\log_a x)'=\frac{1}{x\log a}$$

が得られます。

対数関数の微分を使うと、一般の指数x^αについて、公式$(x^\alpha)'=\alpha x^{\alpha-1}$が得られます。

証明は以下の通りです。

[証明]

$y = x^{\alpha}$の両辺の対数をとると、

$$\begin{aligned}\log y &= \log(x^{\alpha})\\ &= \alpha \log x\end{aligned}$$

よって、$\log y = \alpha \log x$である。この両辺の微分を計算すると

$$\frac{1}{y}dy = \alpha \frac{1}{x}dx$$

(左辺の微分と右辺の微分を形式的に計算して、それが等しくなるという式です)

この式をdyについて解けば

$$dy = \alpha \frac{y}{x}dx = \alpha \frac{x^{\alpha}}{x}dx = \alpha x^{\alpha-1}dx$$

となる。

証明終

これで一般の指数αについて公式

$$(x^{\alpha})' = \alpha x^{\alpha-1}$$

が成り立つことが分かります。

この公式はとても大切で、負の指数や分数指数についてもx^{α}の導関数の計算ができるようになりました。前に挙げておいた例をもう一度こんどは指数の公式を用いて計算しておきましょう。

例 $\frac{1}{x}$

$$\left(\frac{1}{x}\right)' = (x^{-1})' = (-1)x^{-2} = -\frac{1}{x^2}$$

例 $\dfrac{1}{x^2}$

$$\left(\frac{1}{x^2}\right)' = (x^{-2})' = (-2)x^{-3} = -\frac{2}{x^3}$$

分数指数についても同様に計算できます。

例 $\sqrt{x}$

$$(\sqrt{x})' = \left(x^{\frac{1}{2}}\right)' = \frac{1}{2}x^{-\frac{1}{2}} = \frac{1}{2\sqrt{x}}$$

これから分かる通り、代数関数(多項式関数、分数関数、無理関数)は文法編の公式(関数の四則演算と合成)と公式$(x^\alpha)' = \alpha x^{\alpha-1}$があれば、すべて計算することができます。いくつか例をあげましょう。

例 $y = \sqrt{x^2+1}$

合成関数の微分法を使います。$x^2+1=t$とおけば、$y=\sqrt{t}$, $t=x^2+1$ですから

$$\begin{aligned}(\sqrt{x^2+1})' &= (\sqrt{t})'(x^2+1)' \\ &= \frac{1}{2\sqrt{t}}(2x) \\ &= \frac{x}{\sqrt{x^2+1}}\end{aligned}$$

例 $y = \dfrac{x}{\sqrt{x^2+1}+x}$

直接微分することもできますが、このような場合は先に分母を有理化する代数計算をしたほうが、微分の計算が容易になります。

$$\begin{aligned}\frac{x}{\sqrt{x^2+1}+x} &= \frac{x(\sqrt{x^2+1}-x)}{(\sqrt{x^2+1}+x)(\sqrt{x^2+1}-x)} \\ &= \frac{x\sqrt{x^2+1}-x^2}{(x^2+1)-x^2} \\ &= x\sqrt{x^2+1}-x^2\end{aligned}$$

これで容易に微分の計算ができるようになりました。

$$\begin{aligned}\left(\frac{x}{\sqrt{x^2+1}+x}\right)' &= (x\sqrt{x^2+1}-x^2)' \\ &= (x)'\sqrt{x^2+1}+x\left(\sqrt{x^2+1}\right)'-(x^2)' \\ &= \sqrt{x^2+1}+x\frac{x}{\sqrt{x^2+1}}-2x \\ &= \sqrt{x^2+1}+\frac{x^2}{\sqrt{x^2+1}}-2x \\ &= \frac{2x^2-2x\sqrt{x^2+1}+1}{\sqrt{x^2+1}}\end{aligned}$$

例 $\boldsymbol{y=\sqrt{\frac{x-1}{x+1}}}$

合成関数の微分法を使います。

$y=\sqrt{t}$, $t=\frac{x-1}{x+1}$ とすれば、

$$\begin{aligned}y' &= \left(\sqrt{\frac{x-1}{x+1}}\right)' \\ &= (\sqrt{t})'t' \\ &= \frac{1}{2\sqrt{t}}\cdot\frac{(x+1)-(x-1)}{(x+1)^2} \\ &= \frac{1}{\sqrt{t}}\cdot\frac{1}{(x+1)^2} \\ &= \frac{1}{\sqrt{\frac{x-1}{x+1}}}\cdot\frac{1}{(x+1)^2} \\ &= \frac{1}{(x+1)^2}\sqrt{\frac{x+1}{x-1}}\end{aligned}$$

指数、対数を含む例を紹介します。

例 $y=\dfrac{e^x-e^{-x}}{e^x+e^{-x}}$

最初にe^{-x}の微分については、$t=-x$とおいて合成関数の微分法を使えば、

$$(e^{-x})'=-e^{-x}$$

となることに注意しておきます。

（一般に$(e^{ax})'=ae^{ax}$となることも記憶しておくと便利です。）

$$\begin{aligned}
y' &= \left(\frac{e^x-e^{-x}}{e^x+e^{-x}}\right)' \\
&= \frac{(e^x-e^{-x})'(e^x+e^{-x})-(e^x-e^{-x})(e^x+e^{-x})'}{(e^x+e^{-x})^2} \\
&= \frac{(e^x+e^{-x})(e^x+e^{-x})-(e^x-e^{-x})(e^x-e^{-x})}{(e^x+e^{-x})^2} \\
&= \frac{e^{2x}+2+e^{-2x}-(e^{2x}-2+e^{-2x})}{(e^x+e^{-x})^2} \\
&= \frac{4}{(e^x+e^{-x})^2}
\end{aligned}$$

この分母は$(e^x+e^{-x})^2=e^{2x}+2+e^{-2x}=e^{2x}+e^{-2x}+2$です。このほうが後の式の変形で都合がいいこともあります。

例 $y=\log\left(x+\sqrt{x^2+1}\right)$

$t=x+\sqrt{x^2+1}$とおけば、$y=\log t,\ t=x+\sqrt{x^2+1}$ですから、これに合成関数の微分法を使えば（$\sqrt{x^2+1}$の微分にもう一回合成の公式を使います）、

$$\begin{aligned}
y' &= (\log t)'t' \\
&= \frac{1}{t}\cdot\left(1+\frac{x}{\sqrt{x^2+1}}\right) \\
&= \frac{1}{x+\sqrt{x^2+1}}\cdot\frac{\sqrt{x^2+1}+x}{\sqrt{x^2+1}} \\
&= \frac{1}{\sqrt{x^2+1}}
\end{aligned}$$

例　$\boldsymbol{y=\log\sqrt{\dfrac{1}{\sqrt{x^2+1}-\sqrt{x^2-1}}}}$

このような関数の場合は、対数の性質を十分に使って、微分計算をする前に関数を整理すると、計算が簡単になります。

$$
\begin{aligned}
y&=\log\sqrt{\frac{1}{\sqrt{x^2+1}-\sqrt{x^2-1}}}\\
&=\frac{1}{2}\log\frac{1}{\sqrt{x^2+1}-\sqrt{x^2-1}}\\
&=\frac{1}{2}\log\frac{\sqrt{x^2+1}+\sqrt{x^2-1}}{(\sqrt{x^2+1}-\sqrt{x^2-1})(\sqrt{x^2+1}+\sqrt{x^2-1})}\\
&=\frac{1}{2}\log\frac{\sqrt{x^2+1}+\sqrt{x^2-1}}{2}\\
&=\frac{1}{2}\log(\sqrt{x^2+1}+\sqrt{x^2-1})-\frac{1}{2}\log 2
\end{aligned}
$$

となりますから、これを微分すると

$$
\begin{aligned}
y'&=\left(\frac{1}{2}\log(\sqrt{x^2+1}+\sqrt{x^2-1})-\frac{1}{2}\log 2\right)'\\
&=\frac{1}{2}\left(\frac{\dfrac{x}{\sqrt{x^2+1}}+\dfrac{x}{\sqrt{x^2-1}}}{\sqrt{x^2+1}+\sqrt{x^2-1}}\right)\\
&=\frac{x}{2}\cdot\frac{\sqrt{x^2+1}+\sqrt{x^2-1}}{\sqrt{x^2+1}+\sqrt{x^2-1}}\cdot\frac{1}{\sqrt{x^2+1}\cdot\sqrt{x^2-1}}\\
&=\frac{x}{2\sqrt{x^4-1}}
\end{aligned}
$$

● **対数微分法**

対数の微分法を使う対数微分という計算技術を紹介しましょう。それは$y=f(x)$を微分するのに両辺の対数をとって微分する方法で、$\log f(x)$が元の関数に比べて易しい関数になる場合は有効な方法です。関数$\log f(x)$について、$f(x)=t$として合成関数の導関数の公式を使うと、

$$\begin{aligned}(\log f(x))' &= (\log t)' \cdot t' \\ &= \frac{1}{t} \cdot t' \\ &= \frac{1}{f(x)} \cdot f'(x) \\ &= \frac{f'(x)}{f(x)}\end{aligned}$$

となることを使います。

例 $y = x^x$

y' を $y' = xx^{x-1} = x^x$ と計算してしまう人を時々見かけますが、残念ながらこれは間違いです。x は定数ではないのでそのままでは a^x の微分の公式は使えません。

両辺の対数をとると、$\log y = \log x^x = x \log x$ だから、両辺の微分を計算すると、

$$\begin{aligned}\frac{y'}{y} &= \log x + x \cdot \frac{1}{x} \\ &= \log x + 1\end{aligned}$$

したがって、$y' = y(\log x + 1) = x^x(\log x + 1)$ となります。

対数微分を使えば、積の導関数の公式 $(f(x)g(x))' = f'(x)g(x) + f(x)g'(x)$ を求めることができます。

$y = f(x)g(x)$ とする。両辺の対数をとると、$\log y = \log(f(x)g(x)) = \log f(x) + \log g(x)$ だから

$$\begin{aligned}(\log y)' &= \frac{y'}{y} \\ &= \frac{f'(x)}{f(x)} + \frac{g'(x)}{g(x)}\end{aligned}$$

したがって、$y' = y\left(\frac{f'(x)}{f(x)} + \frac{g'(x)}{g(x)}\right) = f'(x)g(x) + f(x)g'(x)$ となります。

6. 三角関数

$y=\sin x$の導関数

定義に従って導関数を計算すると、

$$(\sin x)'=\lim_{h\to 0}\frac{\sin(x+h)-\sin x}{h}$$
$$=\lim_{h\to 0}\frac{2\cos\left(x+\frac{h}{2}\right)\sin\frac{h}{2}}{h}$$
$$=\cos x\lim_{h\to 0}\frac{\sin\frac{h}{2}}{\frac{h}{2}}$$

となるので、$\frac{h}{2}=\theta$とおいて

$$\lim_{\theta\to 0}\frac{\sin\theta}{\theta}$$

の値が分かれば$y=\sin x$の導関数が求まります。

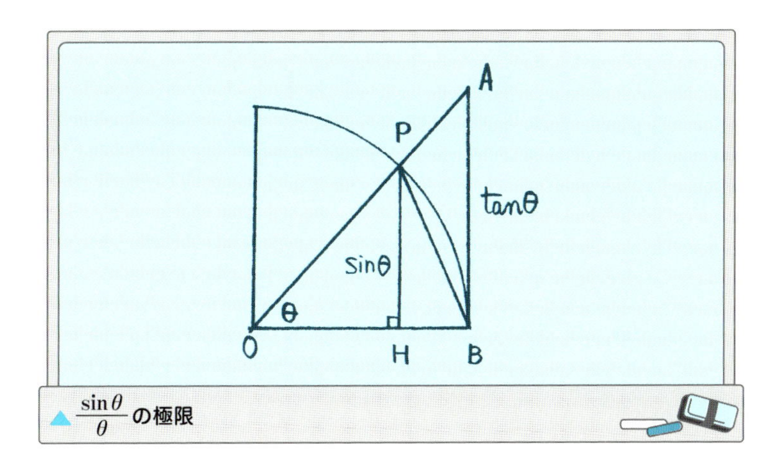

▲$\frac{\sin\theta}{\theta}$の極限

図で、△POBの面積＜扇形POBの面積＜△AOBの面積ですから、円の半径が(単位円なので)1であることと、半径r、中心角θの扇形の面積が$\frac{1}{2}r^2\theta$であることに注意すれば、

$$\mathrm{PH} = \sin\theta,\ \mathrm{AB} = \tan\theta$$

ですから

$$\sin\theta < \theta < \tan\theta$$

となります。

すべて正の値であることに注意して逆数をとれば

$$\frac{1}{\tan\theta} < \frac{1}{\theta} < \frac{1}{\sin\theta}$$

ですから、全体に$\sin\theta$をかけると

$$\cos\theta < \frac{\sin\theta}{\theta} < 1$$

となり、$\lim_{\theta \to 0} \cos\theta = 1$ですから

$$\lim_{\theta \to 0} \frac{\sin\theta}{\theta} = 1$$

となります。したがって、前に求めておいた式を考えると

$$(\sin x)' = \cos x \lim_{h \to 0} \frac{\sin\dfrac{h}{2}}{\dfrac{h}{2}} = \cos x$$

となります。同様の考察で

$$(\cos x)' = -\sin x$$

となります。$\tan x$は$\dfrac{\sin x}{\cos x}$に商の微分の公式を使えば

$$
\begin{aligned}
(\tan x)' &= \left(\frac{\sin x}{\cos x}\right)' \\
&= \frac{(\sin x)'\cos x - \sin x(\cos x)'}{\cos^2 x} \\
&= \frac{\cos^2 x + \sin^2 x}{\cos^2 x} \\
&= \frac{1}{\cos^2 x}
\end{aligned}
$$

となり、

$$
(\tan x)' = \frac{1}{\cos^2 x} = 1 + \tan^2 x
$$

が得られます。

● 三角関数の導関数を幾何学的に考える

三角関数の導関数はこのようにして求まりますが、これをもう少し別の角度から見てみましょう。

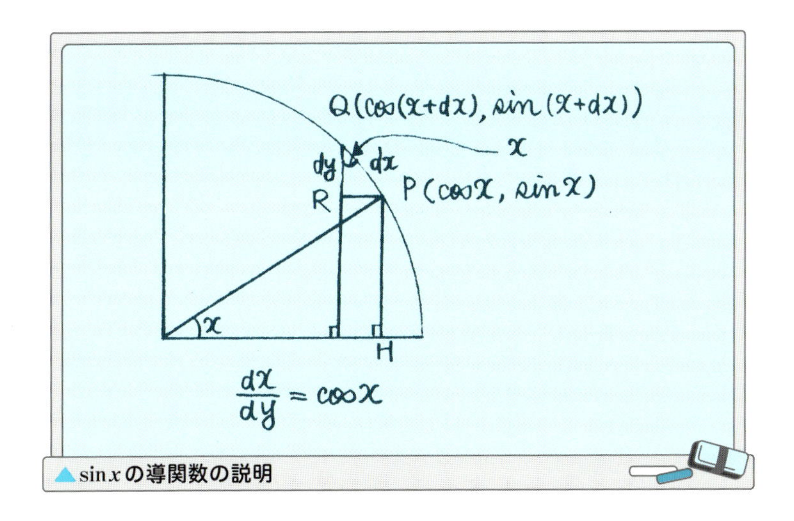

▲ $\sin x$ の導関数の説明

単位円周上の点を $P(\cos x,\ \sin x)$ とし、弧の長さが dx だけ変化したときの点を $Q(\cos(x+dx),\ \sin(x+dx))$ とします。y 座標 $y=\sin x$ の変化量を dy と

すると、図でQR$=dy$となります。ところで、xの変化量dxは円弧の長さですが、これを直線PQの長さと見なしましょう。するとPQ$\perp$OPと見なせるので、

$$\triangle \mathrm{POH} \backsim \triangle \mathrm{PQR}$$

ですから$\angle \mathrm{PQR} = x$（ラジアン）で、

$$\frac{dy}{dx} = \cos x$$

すなわち、$dy = \cos x\, dx$となり、$dy = (\sin x)'\, dx$ですから、$(\sin x)' = \cos x$となります。

以上を公式としてまとめておきましょう。

●公式

$$(\sin x)' = \cos x$$
$$(\cos x)' = -\sin x$$
$$(\tan x)' = \frac{1}{\cos^2 x} = 1 + \tan^2 x$$

では、三角関数を含んだ関数の導関数の計算例をいくつか紹介します。

例 $\boldsymbol{y = \sin(ax+b)}$

$ax+b=t$とおけば

$$\begin{aligned}(\sin(ax+b))' &= (\sin t)' \cdot t' \\ &= \cos t \cdot t' \\ &= a\cos(ax+b)\end{aligned}$$

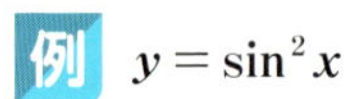

例 $\boldsymbol{y = \sin^2 x}$

$\sin x = t$とおけば

$$
\begin{aligned}
(\sin^2 x)' &= (t)^2 \cdot t' \\
&= 2t \cdot t' \\
&= 2\sin x \cdot \cos x \\
&= \sin 2x
\end{aligned}
$$

例 $\boldsymbol{y = \dfrac{1}{\sin x + \cos x}}$

$$
\begin{aligned}
\left(\frac{1}{\sin x + \cos x}\right)' &= \frac{-(\sin x + \cos x)'}{(\sin x + \cos x)^2} \\
&= \frac{\sin x - \cos x}{\sin^2 x + 2\sin x \cos x + \cos^2 x} \\
&= \frac{\sin x - \cos x}{\sin 2x + 1}
\end{aligned}
$$

7. 逆三角関数

最後に逆三角関数の導関数を計算しましょう。

$$y = \sin^{-1} x$$

$y = \sin^{-1} x$ は sin の逆関数で、$x = \sin y, \left(-\dfrac{\pi}{2} \leqq y \leqq \dfrac{\pi}{2}\right)$ と同じことでした。この式の形式的な微分を計算すると

$$dx = (\sin y)' dy = \cos y \, dy$$

ですから、これを dy について解けば

$$dy = \frac{1}{\cos y} dx$$

となり、$\dfrac{1}{\cos y}$ が $y = \sin^{-1} x$ の導関数です。

y は x の関数ですから、これで微分が求まったのですが、やはり x の具体的な式で表したいと思います。そこで、$dy = \dfrac{1}{\cos y} dx$ を x の式で表してみましょう。

8

$\sin^2 y + \cos^2 y = 1$ より $x^2 + \cos^2 y = 1$ です。

よって $\cos^2 y = 1 - x^2$ ですから

$$\cos y = \pm\sqrt{1-x^2}$$

となります。

ところが $-\dfrac{\pi}{2} \leqq y \leqq \dfrac{\pi}{2}$ でしたから、この範囲では $\cos y \geqq 0$ です。

したがって

$$\cos y = \sqrt{1-x^2}$$

となり、次の公式が得られます。

●公式

$$(\sin^{-1} x)' = \frac{1}{\sqrt{1-x^2}}$$

全く同様に

$$y = \cos^{-1} x \Longleftrightarrow x = \cos y,\ y = \tan^{-1} x \Longleftrightarrow x = \tan y$$

の形式的な微分を計算することにより、

$$dy = -\frac{1}{\sin y}dx,\ dy = \frac{1}{1+\tan^2 y}dx$$

が得られます。

同様に $\sin y = \sqrt{1-x^2}$, $1+\tan^2 y = 1+x^2$ より次の公式が得られます。

●公式

$$(\cos^{-1} x)' = -\frac{1}{\sqrt{1-x^2}},\ (\tan^{-1} x)' = \frac{1}{1+x^2}$$

以上で初等関数の導関数はすべて出そろいました。一覧表にしたものはすでに第1部（4.4 73ページ）で紹介しました。

この微分法の単語と文法を使えば、初等関数の導関数を計算することができます。やや複雑な計算の例をいくつか紹介します。

8.7 導関数の計算

例 $\boldsymbol{y=\cos(1+x)\cos(1-x)}$

$$
\begin{aligned}
(\cos(1+x)\cos(1-x))' &= -\sin(1+x)\cos(1-x)+\cos(1+x)\sin(1-x) \\
&= -\sin((1+x)-(1-x)) \\
&= -\sin 2x
\end{aligned}
$$

例 $\boldsymbol{y=\log\sqrt{\dfrac{1+\cos x}{1-\cos x}}}$

$$
\begin{aligned}
\left(\log\sqrt{\frac{1+\cos x}{1-\cos x}}\right)' &= \frac{1}{2}\left(\log\left(\frac{1+\cos x}{1-\cos x}\right)\right)' \\
&= \frac{1}{2}(\log(1+\cos x)-\log(1-\cos x))' \\
&= \frac{1}{2}\left(\frac{-\sin x}{1+\cos x}-\frac{\sin x}{1-\cos x}\right) \\
&= \frac{1}{2}\cdot\frac{-\sin x(1-\cos x)-\sin x(1+\cos x)}{1-\cos^2 x} \\
&= \frac{1}{2}\cdot\frac{-\sin x+\sin x\cos x-\sin x-\sin x\cos x}{\sin^2 x} \\
&= -\frac{1}{\sin x}
\end{aligned}
$$

8

例 $\boldsymbol{y=\tan^{-1}\dfrac{1-x}{1+x}}$

$$\left(\tan^{-1}\frac{1-x}{1+x}\right)'=\frac{1}{\left(\dfrac{1-x}{1+x}\right)^2+1}\cdot\frac{-(1+x)-(1-x)}{(1+x)^2}$$

$$=\frac{1}{\dfrac{(1-x)^2+(1+x)^2}{(1+x)^2}}\cdot\frac{-2}{(1+x)^2}$$

$$=\frac{-2}{1-2x+x^2+1+2x+x^2}$$

$$=-\frac{1}{1+x^2}$$

では次章で、これらの導関数を用いて実際に極値の計算を行ってみます。

第2部　微分積分学の計算技法

第9章

極値を求める

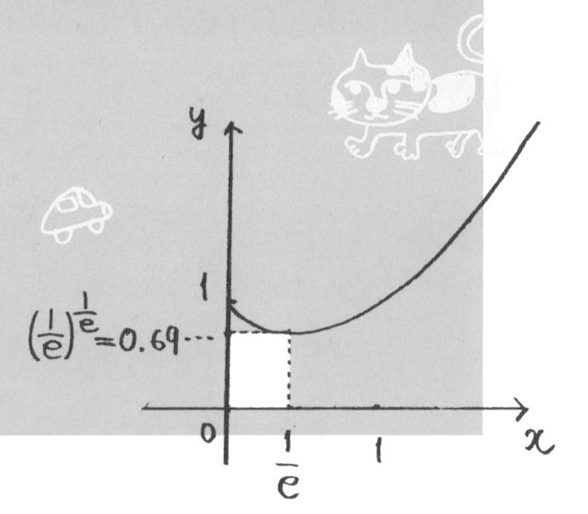

第1部で説明した通り、関数の極値を求めるとは、関数の特別な特異点を探し出すということです。関数の特異点とは、その関数が普通とは違う振舞い方をする点で、具体的には微分が0となる点でした。すなわち、関数$y=f(x)$の微分が$dy=f'(x)dx$でしたから、方程式$dy=0$の解となる点aが関数の特異点です。具体的には方程式$f'(x)=0$の解となる点aが特異点に他なりません。第1部では簡単な例を取り上げましたが、ここではもう少し複雑な関数の特異点を求めてみましょう。

9.1 特異点を求める

例 **$y=x^x\ (x>0)$の特異点を求めよ。**

$y=x^x$の対数をとると、$\log y=\log x^x=x\log x$ですから、両辺の微分を計算して

$$\frac{1}{y}dy=(\log x+1)dx$$

したがって、$dy=y(\log x+1)dx=x^x(\log x+1)dx$となります。

方程式$dy=0$より、$x^x(\log x+1)=0$ですが、指数x^xは$x>0$では0にならないので、$\log x+1=0$より$\log x=-1$ですから、特異点

$$x=e^{-1}=\frac{1}{e}$$

が求まります。

ではここでの増減表を作ってみましょう。

x	$\cdots$	$1/e$	$\cdots$
$f'(x)$	$-$	0	$+$
$f(x)$	↘	$(1/e)^{1/e}$	↗

したがって、特異点$x=\dfrac{1}{e}$は極小値を与え、かつ、関数$y=x^x$, $(x>0)$の最小値を与えることが分かります。

グラフは次の通りです。

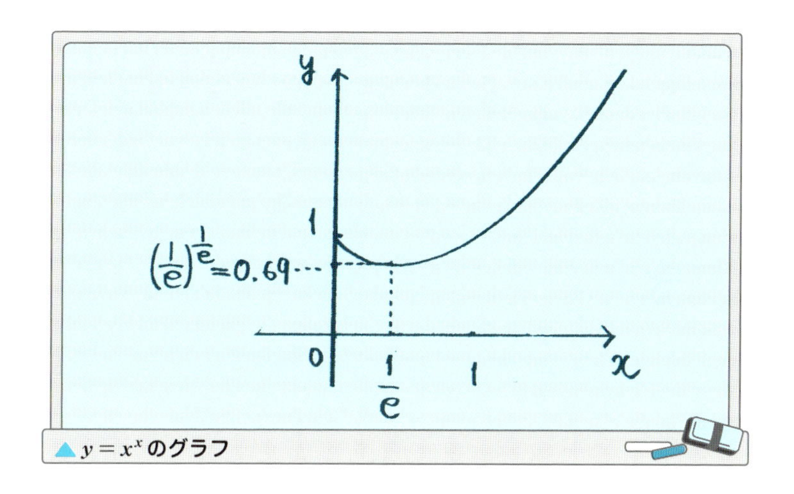

▲$y=x^x$のグラフ

例 $y=\dfrac{x}{x^2-5x+4}$ **の特異点を求めよ。**

分数関数では分母が0になる点では関数が定義されません。その意味で分母が0となる点も一種の特異点と考えられることに注意しましょう。

$$\left(\frac{x}{x^2-5x+4}\right)'=\frac{(x^2-5x+4)-x(2x-5)}{((x-1)(x-4))^2}$$
$$=\frac{-(x^2-4)}{((x-1)(x-4))^2}$$

より、

$$dy=\frac{-(x^2-4)}{((x-1)(x-4))^2}dx$$

です。方程式$dy=0$より$-(x^2-4)=0$ですから、$x=\pm 2$が得られ、関数の分母を0とする点も考えると、この関数の特異点は$x=\pm 2, x=1$, $x=4$です。特異点の様子を調べるために増減表を書いてみます。

x	$\cdots$	-2	$\cdots$	1	$\cdots$	2	$\cdots$	4	$\cdots$
$f'(x)$	$-$	0	$+$	/	$+$	0	$-$	/	$-$
$f(x)$	↘	$-1/9$	↗	/	↗	-1	↘	/	↘

　したがって、$x=-2$では極小となり$x=2$では極大となります。また、$x=1,\ 4$では関数が定義されず、y軸に平行な漸近線を持ちます。全体のグラフを描くためには、$x\to\pm\infty$の極限を考えると、

$$\lim_{x\to\infty}\frac{x}{x^2-5x+4}=\lim_{x\to\infty}\frac{1}{x-5x+\frac{4}{x}}=0$$

ですから、次のグラフが書けます。

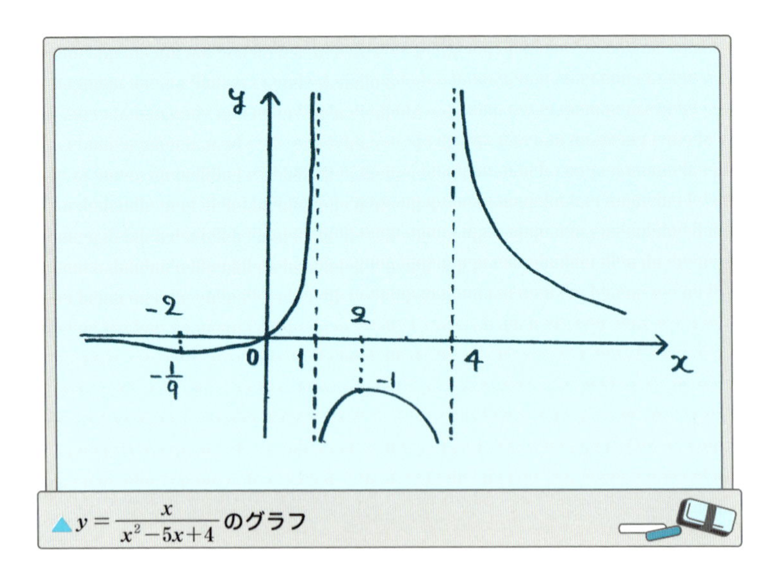

▲$y=\dfrac{x}{x^2-5x+4}$のグラフ

例　**$y=e^x-e^{-x}+2\sin x$の特異点を求めよ。**

　微分を計算すると

$$dy=(e^x+e^{-x}+2\cos x)dx$$

です。したがって方程式$dy=0$は$e^x+e^{-x}+2\cos x=0$です。

　ここで、e^x+e^{-x}は正数e^xとその逆数e^{-x}の和ですから、$e^x+e^{-x}\geqq 2$

で、$2\cos x \geqq -2$ですから、$e^x + e^{-x} + 2\cos x \geqq 0$ですが、$e^x + e^{-x} = 2$となるのは$e^x = 1$、すなわち$x = 0$のときしかなく、このとき$2\cos 0 = 2$ですから、すべての$x$について、

$$e^x + e^{-x} + 2\cos x > 0$$

となり、この関数は増加するだけで特異点を持ちません。

グラフは次のように考えると分かりやすいです。

まず、$y = e^x - e^{-x}$のグラフを考えます。指数関数$y = e^x$をもとにすれば次のグラフとなります。

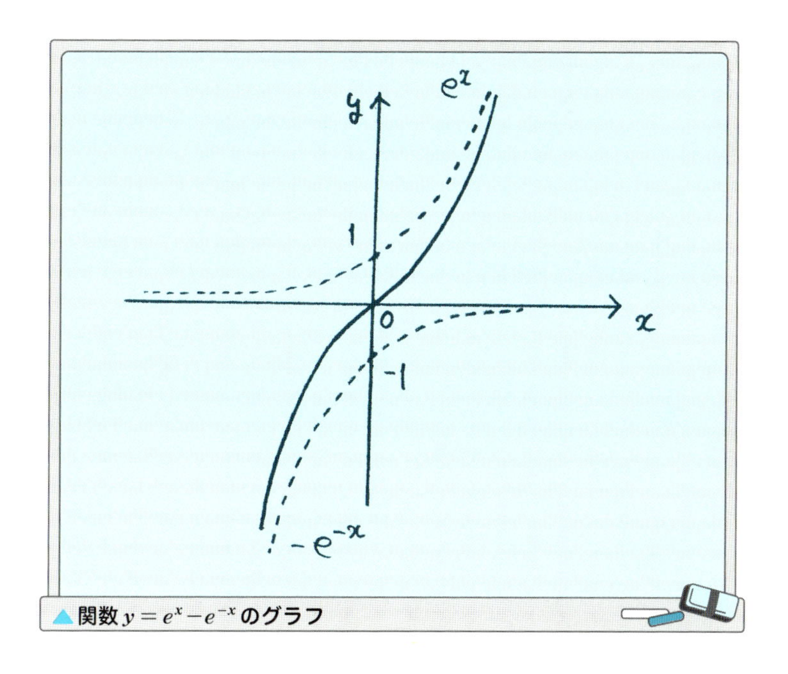

▲関数$y = e^x - e^{-x}$のグラフ

$y = e^x - e^{-x} + 2\sin x$のグラフはこのグラフに$2\sin x$の摂動（ぶれ）を与えればいいのです。したがって関数のグラフは次のようになります。

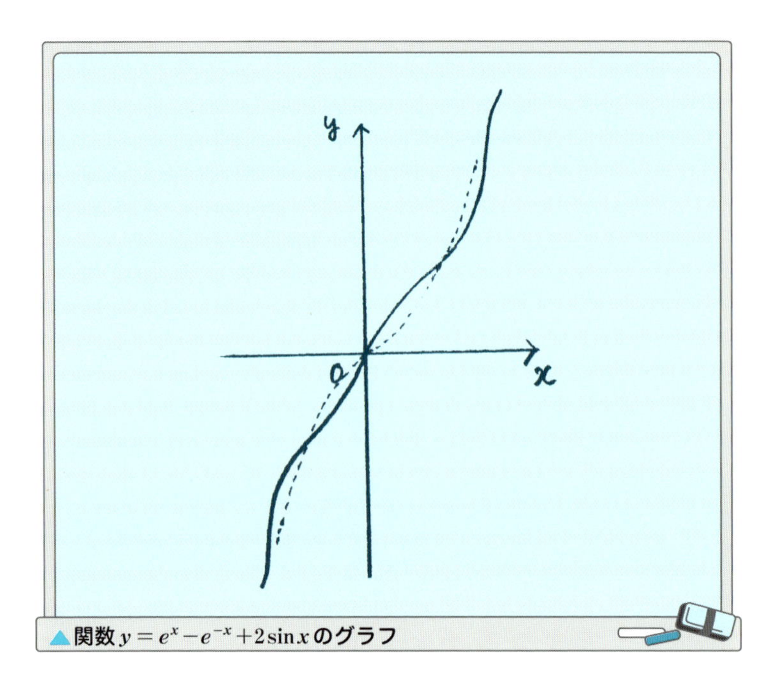

▲関数 $y = e^x - e^{-x} + 2\sin x$ のグラフ

第2部　微分積分学の計算技法

第10章

関数のテイラー展開

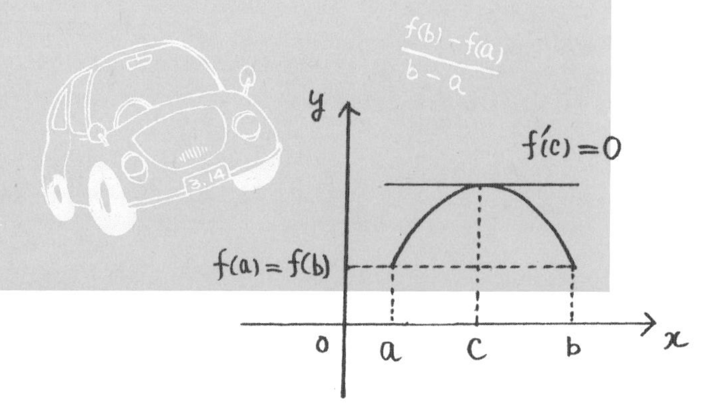

10.1 テイラーの定理

第1部で値が計算できる関数は本質的には多項式関数しかないことをお話しし、指数関数や三角関数の関数値を計算しようとすれば、それらの関数を（無限次元の）多項式で表す他ないということを調べました。そこで実際にいろいろな関数を多項式で表すことを考えました。すると、多項式$f(x)$の係数は$f(x)$を何回も微分し、その導関数に$x=0$を代入することで求まることを見ました。その基礎となるのが次のテイラーの定理です。

●定理（テイラー）

何回でも微分できる関数$y=f(x)$に対して

$$f(b)=f(a)+f'(a)(b-a)+\frac{1}{2!}f''(a)(b-a)^2+\frac{1}{3!}f'''(a)(b-a)^3+\cdots$$
$$\cdots+\frac{1}{(n-1)!}f^{(n-1)}(a)(b-a)^{n-1}+\frac{1}{n!}f^{(n)}(c)(b-a)^n$$

をみたす$c(a<c<b)$が存在する。ただし、$f^{(r)}(x)$は$f(x)$をr回微分した関数を表す。

この式はΣを使ってかけば

$$f(b)=\sum_{r=0}^{n-1}\frac{1}{r!}f^{(r)}(a)(b-a)^r+\frac{1}{n!}f^{(n)}(c)(b-a)^n$$

と簡潔に表せます。

いくつかの注意をしておきます。この式でaを0にとり、bをxと書くことにすると、

$$f(x)=f(0)+f'(0)x+\frac{1}{2!}f''(0)x^2+\frac{1}{3!}f'''(0)x^3+\cdots$$
$$\cdots+\frac{1}{(n-1)!}f^{(n-1)}(0)x^{n-1}+\frac{1}{n!}f^{(n)}(c)x^n$$

という式が得られます。$f(0)$, $f'(0)$, $f''(0)$, …などは定数なので、この式の右辺はxの多項式に見えます。しかし、注意してみると、最後の項は$f^{(n)}(c)$を含んでいて、このcはxによって変化する値なので、残念ながら右辺は多項式にはなりません。最後の項は$f(x)$と右辺の第$n-1$項までの多項式との違いを表す項、いわば、$f(x)$と多項式との誤差を表す項と考えられます。

ここで、任意のxについて、

$$\lim_{n\to\infty}\frac{1}{n!}f^{(n)}(c)x^n=0$$

となるなら、$n\to\infty$とすれば、

$$f(x)=f(0)+f'(0)x+\frac{1}{2!}f''(0)x^2+\frac{1}{3!}f'''(0)x^3+\cdots$$
$$\cdots+\frac{1}{n!}f^{(n)}(0)x^n+\cdots$$

として$f(x)$を（無限次元の）多項式として表すことができます。（普通は級数といいます）これが第1部でお話しした関数の展開で、この級数を$f(x)$のマクローリン展開、マクローリン級数といいます。具体的な関数の展開はすでに第1部で証明抜きでお話ししてありますが、主な関数の展開をもう一度書いておきましょう。

10

$$e^x=1+x+\frac{1}{2!}x^2+\frac{1}{3!}x^3+\frac{1}{4!}x^4+\cdots$$
$$\sin x=x-\frac{1}{3!}x^3+\frac{1}{5!}x^5-\frac{1}{7!}x^7+\frac{1}{9!}x^9-\cdots$$
$$\cos x=1-\frac{1}{2!}x^2+\frac{1}{4!}x^4-\frac{1}{6!}x^6+\frac{1}{8!}x^8-\cdots$$

右辺は（無限次元とはいえ）多項式なので、xの値に対して関数の値を具体的に計算できるのです。

ではテイラーの定理の証明を紹介しましょう。

じつはこの定理はロルの定理という大変に重要な定理をもとにしています。最初にロルの定理を紹介します。

10.2 ロルの定理

●ロルの定理

微分ができる関数$y=f(x)$について、$f(a)=f(b)$ならば$f'(c)=0$となるcがaとbの間に少なくとも1つある。$(a<c<b)$

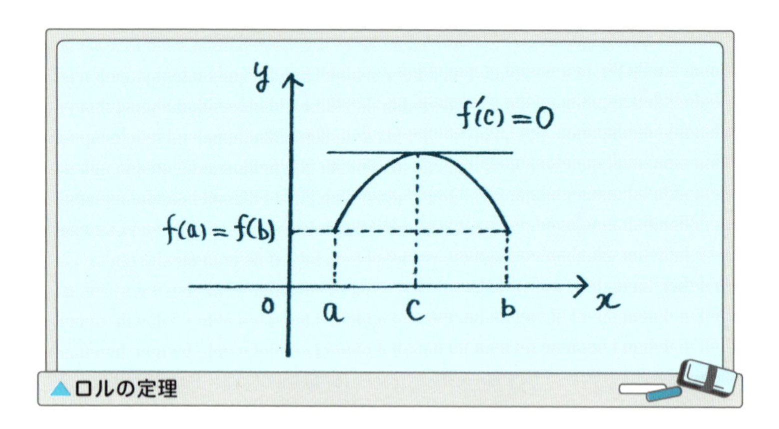

▲ロルの定理

ロルの定理が成り立つことは図を見ていると明らかですが、証明は次の通りです。

[ロルの定理の証明]

$f(a)=f(b)=0$としても一般性を失うことはないので、$f(a)=f(b)=0$として証明しよう。

$a \leqq x \leqq b$で$f(x)>0$（あるいは$f(x)<0$）となるとしてよい。（もし$f(x)$が恒等的に0ならば定理が成り立つことは明らかです。）$f(x)$の最大値（あるいは最小値）を$f(c)$とすれば$a<c<b$である。$f'(c)$を計算する。

$$f'(c)=\lim_{h\to 0}\frac{f(c+h)-f(c)}{h}$$

において、

(1)　$h>0$として極限をとると、$f(c)$が最大値であることを考えると、分子は$f(c+h)\leqq f(c)$より$f(c+h)-f(c)\leqq 0$である。

したがって分母が正だから$(f(c+h)-f(c))/h\leqq 0$となり、

$$f'(c)=\lim_{h\to 0}\frac{f(c+h)-f(c)}{h}\leqq 0$$

となる。

(2)　一方、$h<0$として極限をとると、同様の考察で分子、分母とも負となり、$(f(c+h)-f(c))/h\geqq 0$となる。

したがって、

$$f'(c)=\lim_{h\to 0}\frac{f(c+h)-f(c)}{h}\geqq 0$$

となる。

(1)、(2) より$0\leqq f'(c)\leqq 0$となり、最大値$f(c)$で$f'(c)=0$である。

証明終

この証明には1つ重要な注釈が必要です。それは関数$y=f(x)$の区間$a\leqq x\leqq b$での最大値の存在を当たり前のこととして仮定していることです。0から出発して0に戻ってくる連続関数が最大値をとることは、図を描いてみれば確かに当たり前なのですが、図に頼らずに厳密に証明しようとすると、連続性についてのかなり難しい議論が必要になります。最大値の存在についての定理をワイヤストラス（ワイエルシュトラス）の定理といいます。この定理の厳密な証明が知りたい方は拙著「無限と連続の数学　微分積分学の基礎理論案内」（東京図書）をご覧ください。

ではロルの定理を用いたテイラーの定理の証明を紹介します。

10.3 テイラーの定理の証明

[テイラーの定理の証明]

kを定数として、

$$F(x)=f(b)-\left(f(x)+f'(x)(b-x)+\frac{1}{2!}f''(x)(b-x)^2+\frac{1}{3!}f'''(x)(b-x)^3+\right.$$
$$\left.\cdots\cdots+\frac{1}{(n-1)!}f^{(n-1)}(x)(b-x)^{n-1}+\frac{1}{n!}k(b-x)^n\right)$$

という関数を考える。$F(x)$は微分可能な関数で、作り方から明らかに$F(b)=0$である。

ここで、定数kを$F(a)=0$となるように選ぶ。$F(a)=0$はkについての1次方程式で、kの係数である$(b-a)^n$は0ではないから、$F(a)=0$をみたすkは確かに存在する。したがって、$F(x)$は微分可能な関数で$F(a)=F(b)=0$である。

よってロルの定理により、$a<c<b$で$F'(c)=0$となるcがある。

$F'(x)$を計算する。

$$F'(x)=-\left(f(x)+f'(x)(b-x)+\frac{1}{2!}f''(x)(b-x)^2+\frac{1}{3!}f'''(x)(b-x)^3+\cdots\right.$$
$$\left.\cdots+\frac{1}{(n-1)!}f^{(n-1)}(x)(b-x)^{n-1}+\frac{1}{n!}k(b-x)^n\right)'$$
$$=-\left(f'(x)+f''(x)(b-x)-f'(x)+\frac{1}{2!}f'''(x)(b-x)^2-f''(x)(b-x)\right.$$
$$+\frac{1}{3!}f''''(x)(b-x)^3-\frac{1}{2!}f'''(x)(b-x)^2+\cdots$$
$$\cdots+\frac{1}{(n-1)!}f^{(n)}(x)(b-x)^{n-1}-\frac{1}{(n-2)!}f^{(n-1)}(x)(b-x)^{n-2}$$
$$\left.-\frac{1}{(n-1)!}k(b-x)^{n-1}\right)$$
$$=-\left(\frac{1}{(n-1)!}f^{(n)}(x)(b-x)^{n-1}-\frac{1}{(n-1)!}k(b-x)^{n-1}\right)$$

導関数を計算すると、途中の項は順番に相殺され最後の2項だけが残る。ここで、$F'(c)=0$だから

$$F'(c)=-\left(\frac{1}{(n-1)!}f^{(n)}(c)(b-c)^{n-1}-\frac{1}{(n-1)!}k(b-c)^{n-1}\right)=0$$

よって、$k=f^{(n)}(c)$である。

この値を$F(x)$に代入して$F(a)=0$に注意すれば

$$F(a)=f(b)-\left(f(a)+f'(a)(b-a)+\frac{1}{2!}f''(a)(b-a)^2+\frac{1}{3!}f'''(a)(b-a)^3+\cdots\right.$$
$$\left.\cdots+\frac{1}{(n-1)!}f^{(n-1)}(a)(b-a)^{n-1}+\frac{1}{n!}f^{(n)}(c)(b-a)^n\right)$$
$$=0$$

より

$$f(b)=f(a)+f'(a)(b-a)+\frac{1}{2!}f''(a)(b-a)^2+\frac{1}{3!}f'''(a)(b-a)^3+\cdots$$
$$\cdots+\frac{1}{(n-1)!}f^{(n-1)}(a)(b-a)^{n-1}+\frac{1}{n!}f^{(n)}(c)(b-a)^n$$

を得る。

証明終

10

この式から、$a=0,\ b=x$の場合を考えると

$$f(x)=f(0)+f'(0)x+\frac{1}{2!}f''(0)x^2+\frac{1}{3!}f'''(0)x^3+\cdots$$
$$\cdots+\frac{1}{(n-1)!}f^{(n)}(0)x^{n-1}+\frac{1}{n!}f^{(n)}(c)x^n$$

が得られることはすでにお話ししました。ここで最後の項

$$\frac{1}{n!}f^{(n)}(c)x^n$$

について考えます。

次の事実が成り立ちます。

任意のxについて

$$\lim_{n\to\infty}\frac{x^n}{n!}=0$$

である。

$x=a$としましょう。この時nをaまでの部分とaより大きい部分に分けてみます。

$$\begin{aligned}\frac{a^n}{n!}&=\frac{a\times a\times\cdots\times a\times a\times\cdots\times a}{1\times 2\times\cdots\times a\times(a+1)\times(a+2)\cdots\times n}\\&=\frac{a}{1}\times\frac{a}{2}\times\cdots\times\frac{a}{a}\times\frac{a}{a+1}\times\frac{a}{a+2}\times\cdots\times\frac{a}{a+(n-a)}\end{aligned}$$

この式で、aまでの部分は定数ですが、nがaを超えて大きくなっていくと、それ以降の部分はすべての項が1より小さく、分母はいくらでも大きくなり、かける項はどんどん0に近づいていきます。したがって、全体は0に収束することが分かります。

この結果から、テイラー展開の式で、$f^{(n)}(c)$の値がnにかかわらず決まるなら

$$\lim_{n\to\infty}\frac{1}{n!}f^{(n)}(c)x^n=0$$

となり、$y=f(x)$の無限次元多項式（無限級数）への展開が成り立ちます。これが前に説明した指数関数、三角関数の展開公式です。

微分の計算はテイラー展開の式で1つのピークになります。ここまで来ると、初等関数を多項式の形で表すことができるようになり、関数の計算はその仕組みまで含めて明らかになるのです。

最後に第1部でちょっとお話しした、微分についての平均値の定理と積分平均値の定理の関係について触れておきましょう。

テイラーの定理で特に$n=1$とした場合の定理を平均値の定理といいます。

10.4 平均値の定理

●定理　平均値の定理

微分可能な関数$y=f(x)$について

$$f(b)=f(a)+f'(c)(b-a),\ (a<c<b)$$

をみたすcが少なくとも1つ存在する。

平均値の定理の式は

$$\frac{f(b)-f(a)}{b-a}=f'(c),\ (a<c<b)$$

と書かれることも多く、この表現の場合は、次の図でその幾何学的な意味が分かります。

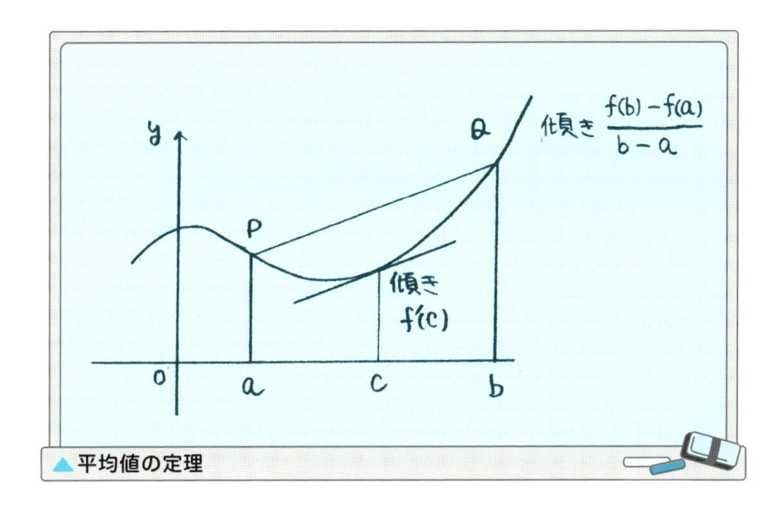

▲平均値の定理

すなわち、$a \leqq x \leqq b$に対して、その平均変化率$\dfrac{f(b)-f(a)}{b-a}$に等しい傾きを持つ接線が少なくとも1本存在するということです。

ところで、積分平均値の定理は、連続関数$y=f(x)$に対して、

$$\int_a^b f(x)dx=f(c)(b-a),\ (a<c<b)$$

となるcが少なくとも1つ存在するということでした。

今、$f(x)$の原始関数を$F(x)$とすると、$F(x)$は微分可能な関数です。この関数$F(x)$について微分の平均値の定理を使うと

$$F(b)=F(a)+F'(c)(b-a),\ (a<c<b)$$

をみたすcが存在することになりますが、$F'(x)=f(x)$であることに注意すると

$$F(b)-F(a)=f(c)(b-a)$$

となります。

ところが、左辺は微分積分学の基本定理より

$$F(b)-F(a)=\int_a^b f(x)dx$$

ですから、

$$\int_a^b f(x)dx=f(c)(b-a),\ (a<c<b)$$

となって、積分平均値の定理が得られます。

したがって、この2つの平均値の定理は同じ定理を微分の側からと積分の側から見たことになるのです。

第11章

原始関数の計算

11.1 微分積分学の基本定理再説

積分について説明した第1部で、微分積分学の基本定理を説明しました。そこで大切だったのは、式

$$f(x)dx$$

が2通りの解釈を持つことでした。すなわち、1つは$f(x)dx$を縦が$f(x)$、横がdxの長方形の面積と考えること、こうしてaからbまでの和をとれば、積分の定義そのものから面積

$$\int_a^b f(x)dx$$

が求まります。

ところが、$F'(x)=f(x)$となる関数(原始関数)が分かると、$dF=F'(x)dx=f(x)dx$でしたから、$f(x)dx$は関数$F(x)$の微分と考えることができます。微分とは何だったかといえば、それはxがdxだけ変化したときの関数$F(x)$の変化量です。したがって、aからbまでの和をとれば、変化量の総和、すなわち、aからbまでの$F(x)$の変化量$F(b)-F(a)$が求まります。

ところがこれはもともと同じ量の2つの異なる解釈でしたから、一致します。すなわち

$$\int_a^b f(x)dx = F(b)-F(a)$$

となります。これが基本定理の内容でした。したがって、積分の値は原始関数が求まるなら、その差として計算できます。これが高等学校で原始関数を求める計算を学んできた理由でした。

ところが、微分計算と違って原始関数を求める積分の計算は機械的には

できないのです。導関数を求める微分計算の場合、初等関数の導関数はいくつかの微分計算の手順、技術と7つの初等関数の導関数さえ計算しておけば、計算することができました。しかし、原始関数を求めることはそんな具合にはいかないのです。単純な初等関数の組み合わせでさえも、その原始関数を求めることができないものが存在します。以下に原始関数を求める手続きで分かっているものの代表的な例を紹介しましょう。

11.2 原始関数の計算（1）文法編

関数$f(x)$の原始関数の1つを$\int f(x)dx$で表し、$f(x)$の不定積分ともいいます。不定積分については次の性質が成り立ちます。最初は和（差）と定数倍についてです。

●**積分計算公式集**

1 $\int (f(x)+g(x))dx = \int f(x)dx + \int g(x)dx$

2 $\int kf(x)dx = k\int f(x)dx$

3 $\int f'(x)g(x)dx = f(x)g(x) - \int f(x)g'(x)dx$

これらは和（差）や定数倍についての微分の公式を逆に見たものです。

では積や商についてはどうでしょうか。これらも導関数の公式を逆に見ると求めることはできます。

この公式集の3は積の微分の公式$(f(x)g(x))' = f'(x)g(x) + f(x)g'(x)$を$f'(x)g(x) = (f(x)g(x))' - f(x)g'(x)$と書き換えて、両辺の原始関数を考えると求まります。これを部分積分法といいます。

ところで、この公式は少し注意が必要です。この式は$f'(x)g(x)$の原始関数を求めるには$f(x)g'(x)$の原始関数が求まればよいといっています。微分の公式は機械的に適用できたのに対して、積分の公式では機械的に当てはめることができません。右辺の積分が左辺の積分より難しくなるようではだめなのです。もう1つ、この公式を$f'(x)=1$、すなわち、$f(x)=x$のときに当てはめると、

$$\int g(x)dx = xg(x) - \int xg'(x)dx$$

が得られます。(普通は$\int f(x)dx = xf(x) - \int xf'(x)dx$と書く）この公式も使い方によってはとても便利です。

例　$y=xe^x$の原始関数を求めよ。

$(e^x)'=e^x$に注意すると

$$\begin{aligned}\int xe^x dx &= \int (e^x)' x dx \\ &= xe^x - \int e^x (x)' dx \\ &= xe^x - \int e^x dx \\ &= xe^x - e^x \\ &= e^x(x-1)\end{aligned}$$

例 $y=e^x\sin x$ **の原始関数を求めよ。**

$$\begin{aligned}\int e^x\sin x dx &= \int (e^x)'\sin x dx\\ &= e^x\sin x-\int e^x\cos x dx\\ &= e^x\sin x-\int (e^x)'\cos x dx\\ &= e^x\sin x-\left(e^x\cos x+\int e^x\sin x dx\right)\\ &= e^x(\sin x-\cos x)-\int e^x\sin x dx\end{aligned}$$

この式を$\int e^x\sin x dx$について解けば

$$\int e^x\sin x dx=\frac{1}{2}e^x(\sin x-\cos x)$$

が得られます。ここでは部分積分法を2回使いました。

商の積分についても同様に考えると、商の微分の公式を逆に読めば積分の公式が得られるはずです。

$$\left(\frac{f(x)}{g(x)}\right)'=\frac{f'(x)g(x)-f(x)g'(x)}{(g(x))^2}$$

を

$$\left(\frac{f(x)}{g(x)}\right)'=\frac{f'(x)}{g(x)}-\frac{f(x)g'(x)}{(g(x))^2}$$

と書き換えて、積分の形に読みかえれば

$$\int \frac{f'(x)}{g(x)}dx=\frac{f(x)}{g(x)}+\int \frac{f(x)g'(x)}{(g(x))^2}dx$$

という公式が得られます。（？）

少しおかしいですか？　部分積分の公式にならえば、この公式は左辺の商の積分を計算するには右辺の積分を計算すればよいといっています。ちょっと試してみましょう。

例 $y=\dfrac{e^x}{x}$ **の原始関数を求めよ。**

$$
\begin{aligned}
\int \frac{e^x}{x}dx &= \int \frac{(e^x)'}{x}dx \\
&= \frac{e^x}{x} + \int \frac{e^x(x)'}{x^2}dx \\
&= \frac{e^x}{x} + \int \frac{e^x}{x^2}dx
\end{aligned}
$$

どうも右辺の積分のほうが元の積分より難しいようです。

実はこの関数の原始関数は求まりません。この公式は式としては正しいのですが、積分を計算する公式としては残念ながら役立たないのです。商の関数の積分は次の公式のほうが役に立ちます。

●公式

$$\int \frac{f'(x)}{f(x)}dx = \log|f(x)|$$

証明は $f(x)=t$ とおいて、$f'(x)dx=dt$ より

$$
\begin{aligned}
\int \frac{f'(x)}{f(x)}dx &= \int \frac{1}{t}dt \\
&= \log|t| \\
&= \log|f(x)|
\end{aligned}
$$

となります。

例 $x>1$**のとき、**$y=\dfrac{1}{x\log x}$**の原始関数を求めよ。**

$$\begin{aligned}\int \frac{1}{x\log x}dx &= \int \frac{1}{x}\cdot\frac{1}{\log x}dx \\ &= \int \frac{(\log x)'}{\log x}dx \\ &= \log|\log x|\end{aligned}$$

最後に積分変数の変換公式である置換積分を紹介します。

11.3 置換積分

不定積分$\int f(x)dx$でxがtの関数$x=\phi(t)$になっているとします。このとき、積分する変数をxからtに変えることを考えます。

関数$y=f(x)$は$x=\phi(t)$を代入して、tの関数

$$y=f(\phi(t))$$

に変わります。さらに$x=\phi(t)$の微分をとると、

$$dx=\phi'(t)dt$$

となるので、この2つの式を元の式に代入すれば

$$\int f(x)dx=\int f(\phi(t))\phi'(t)dt$$

が得られます。これを置換積分の公式といいます。この公式は、形式的には変数をxからtに変えることにより、関数が$f(x)$から$f(\phi(t))\phi'(t)$に変わったと考えて、この関数をtで積分すればいい、と考えられます。ただ、関数は$f(\phi(t))$に変わっていて、それにかかる$\phi'(t)$の項は微分から出てくることは確認しておきましょう。

ではいくつか例を紹介します。

例 $y = xe^{x^2}$**の原始関数を求めよ。**

これはなかなか興味深い例です。それは$y = e^{x^2}$は原始関数が初等関数では表せない関数だからです。しかし、この例のようにxがかかっていると原始関数が求まるのです。

$x^2 = t$とおくと、関数は$y = e^{x^2} = e^t$にかわり、微分をとると、$2xdx = dt$となります。したがって

$$\begin{aligned}\int xe^{x^2}dx &= \int \frac{1}{2}e^{x^2}2xdx \\ &= \frac{1}{2}\int e^t dt \\ &= \frac{1}{2}e^t \\ &= \frac{1}{2}e^{x^2}\end{aligned}$$

この例のように、置換積分はxの関数をtと置くことが多いので、代入するときはdxを求めて代入するより、dtをまるごとdxの式で表して代入するほうが間違いが少ないようです。また、原始関数は元の変数に戻して表現するのが普通です。

例 $y = \sin^2 x\cos^3 x$**の原始関数を求めよ。**

$\sin x = t$とおくと、両辺の微分をとって、$\cos xdx = dt$、よってこれらを代入すれば、

$$\int \sin^2 x \cos^3 x dx = \int \sin^2 x \cos^2 x \cos x dx$$
$$= \int \sin^2 x (1-\sin^2 x)\cos x dx$$
$$= \int t^2(1-t^2)dt$$
$$= \int (t^2-t^4)dt$$
$$= \frac{1}{3}t^3 - \frac{1}{5}t^5$$
$$= \frac{1}{3}\sin^3 x - \frac{1}{5}\sin^5 x$$

ここまでに紹介した計算が積分の文法です。微分の文法と違って、これですべての初等関数の原始関数が求まるというわけではありませんが、計算技術のアウトラインは分かったと思います。

では次に積分の単語を紹介します。

11.4 原始関数の計算（2） 初等関数の原始関数

初等関数の導関数の表は逆に見れば原始関数の表になります。

● 初等関数の原始関数の一覧表

関数	原始関数
x^n	$\frac{1}{n+1}x^{n+1} \quad (n \neq -1)$
x^{-1}	$\log\|x\|$
x^α	$\frac{1}{\alpha+1}x^{\alpha+1} \quad (\alpha \neq -1)$
e^x	e^x
$\log x$	$x\log x - x$
$\sin x$	$-\cos x$
$\cos x$	$\sin x$
$\tan x$	$-\log\|\cos x\|$

関数	原始関数
$\dfrac{1}{\sqrt{1-x^2}}$	$\sin^{-1} x$
$\dfrac{1}{1+x^2}$	$\tan^{-1} x$

いくつか説明します。

例 $y=\log x$の原始関数を求めよ。

これは部分積分をうまく使う典型的な例です。$(x)'=1$であることを使い、公式$\int f(x)dx = xf(x) - \int xf'(x)dx$を使います。

$$\begin{aligned}\int \log x dx &= \int (x)' \log x dx \\ &= x\log x - \int x(\log x)' dx \\ &= x\log x - \int x \cdot \frac{1}{x} dx \\ &= x\log x - \int dx \\ &= x\log x - x\end{aligned}$$

例 $y=\tan x$の原始関数を求めよ。

これは分数形の関数で対数を使う例です。

$$\begin{aligned}\int \tan x dx &= \int \frac{\sin x}{\cos x} dx \\ &= \int \frac{-(\cos x)'}{\cos x} dx \\ &= -\log|\cos x|\end{aligned}$$

例 逆三角関数の原始関数

逆三角関数の微分は逆に見ると、分数関数と無理関数の原始関数になります。これについて少し注意をしておきましょう。

高等学校では逆三角関数を学びません。そのため$\dfrac{1}{1+x^2}$のような比較的簡単な分数関数でも原始関数を求めることができません。そのために、$\dfrac{1}{1+x^2}$の原始関数を求めるときはこんな工夫をします。それは$x=\tan\theta$とおくことです。こうすると、微分をとれば$dx=(1+\tan^2\theta)d\theta$となるので、置換積分法を使うと、

$$
\begin{aligned}
\int \frac{1}{1+x^2}dx &= \int \frac{1}{1+\tan^2\theta}\cdot(1+\tan^2\theta)d\theta \\
&= \int d\theta \\
&= \theta
\end{aligned}
$$

となって原始関数を求めることができます。ただ、最後のθをxの式で表そうとすると、どうしても$\tan^{-1}x$が必要になるのです。

これは$\dfrac{1}{\sqrt{1-x^2}}$についても同様で、置換$x=\sin\theta$, $\left(-\dfrac{\pi}{2}\leqq\theta\leqq\dfrac{\pi}{2}\right)$をおこなえば、容易に$\theta$の簡単な積分に直すことができます。

$x=\sin\theta$の微分をとれば、$dx=\cos\theta d\theta$ですから

$$
\begin{aligned}
\int \frac{1}{\sqrt{1-x^2}}dx &= \int \frac{1}{\sqrt{1-\sin^2\theta}}\cos\theta d\theta \\
&= \int \frac{1}{\cos\theta}\cos\theta d\theta \\
&= \int d\theta \\
&= \theta
\end{aligned}
$$

しかし、$\tan x$の場合と同様に、$\sin^{-1}x$を使わないと、結果をxの関数と

して表すことができないのです。

では逆三角関数そのものの原始関数はどうなるでしょうか。

例 $y=\sin^{-1}x$ **の原始関数を求めよ。**

公式$\int f(x)dx=xf(x)-\int xf'(x)dx$を使います。

$$\int \sin^{-1}xdx=x\sin^{-1}x-\int x(\sin^{-1}x)'dx$$
$$=x\sin^{-1}x-\int x\cdot\frac{1}{\sqrt{1-x^2}}dx$$

ここで、$\int\frac{x}{\sqrt{1-x^2}}dx$を求めるために$1-x^2=t$とおけば、$-2xdx=dt$、したがって

$$\int\frac{x}{\sqrt{1-x^2}}dx=-\frac{1}{2}\int\frac{-2x}{\sqrt{1-x^2}}dx$$
$$=-\frac{1}{2}\int\frac{1}{\sqrt{t}}dt$$
$$=-\frac{1}{2}\cdot2\sqrt{t}$$
$$=-\sqrt{1-x^2}$$

だから、

$$\int \sin^{-1}xdx=x\sin^{-1}x+\sqrt{1-x^2}$$

を得る。

例 $y=\tan^{-1}x$ **の原始関数を求めよ。**

$y=\sin^{-1}x$の場合と同様に部分積分法を使えば、

$$
\begin{aligned}
\int \tan^{-1} x dx &= x\tan^{-1} x - \int x(\tan^{-1} x)' dx \\
&= x\tan^{-1} x - \int x \cdot \frac{1}{1+x^2} dx \\
&= x\tan^{-1} x - \frac{1}{2}\int \frac{2x}{1+x^2} dx \\
&= x\tan^{-1} x - \frac{1}{2}\int \frac{(1+x^2)'}{1+x^2} dx \\
&= x\tan^{-1} x - \frac{1}{2}\log(1+x^2)
\end{aligned}
$$

を得る。

以上で初等関数の原始関数が一通り求まりました。

しかし初等関数の原始関数は第1部で述べたとおり、以上の文法と単語を使ってもたいていの場合は求めることができません。以下の関数の場合は、原始関数が初等関数の中で求まることが分かっています。

11.5 有理関数の原始関数

有理関数の原始関数は、すべて有理関数、対数関数、$\tan^{-1} x$ を使って表せます。

実数を係数とする多項式はかならずいくつかの1次式と2次式の積に因数分解できます。この2次式は実数の範囲では1次式に因数分解できない式ですから、適当な変数変換によって必ず x^2+a^2 の形になります。したがって、有理関数の積分は分母の多項式を因数分解し部分分数に分けることにより、次の3種類の関数の積分に直すことができます。

$$
\frac{1}{(x+a)^n},\ \frac{1}{(x^2+a^2)^n},\ \frac{x}{(x^2+a^2)^n}
$$

この3種類の関数のうち、分母が1次式のn乗になっているものは簡単です。

$$\int \frac{1}{x+a}dx = \log|x+a|, \int \frac{1}{(x+a)^n}dx = \frac{1}{1-n}(x+a)^{1-n} \quad (n \neq 1)$$

また、分母が2次式のn乗で分子にxが乗っている場合も容易で、$x^2+a^2=t$とおけば、$2xdx=dt$ですから、

$$\begin{aligned}
\int \frac{x}{(x^2+a^2)^n}dx &= \int \frac{2x}{2(x^2+a^2)^n}dx \\
&= \frac{1}{2}\int \frac{1}{t^n}dt \\
&= \begin{cases} \dfrac{1}{2}\log|t|, & (n=1) \\ \dfrac{1}{2(1-n)}t^{1-n}, & (n \neq 1) \end{cases} \\
&= \begin{cases} \dfrac{1}{2}\log(x^2+a^2), & (n=1) \\ \dfrac{1}{2(1-n)}(x^2+a^2)^{1-n}, & (n \neq 1) \end{cases}
\end{aligned}$$

最後に分母が2次式のn乗で分子が1の場合ですが、これは少し難しいです。

$n=1$の場合は

$$\frac{1}{x^2+a^2} = \frac{1}{a^2\left(\left(\dfrac{x}{a}\right)^2+1\right)}$$

と変形して、$\dfrac{x}{a}=t$とおけば、$dx=adt$ですから、

$$\int \frac{1}{x^2+a^2}dx = \int \frac{1}{a^2\left(\left(\frac{x}{a}\right)^2+1\right)}dx$$
$$= \frac{1}{a}\int \frac{1}{1+t^2}dt$$
$$= \frac{1}{a}\tan^{-1} t$$
$$= \frac{1}{a}\tan^{-1}\frac{x}{a}$$

として積分ができます。

$n \neq 1$の場合だけは漸化式になります。

$$I_n = \int \frac{1}{(x^2+a^2)^n}dx$$

とすると、部分積分法を使って、次のような計算ができます。

$$I_n = \int \frac{1}{(x^2+a^2)^n}dx$$
$$= \int \frac{(x)'}{(x^2+a^2)^n}dx$$
$$= \frac{x}{(x^2+a^2)^n} - \int x\left(\frac{1}{(x^2+a^2)^n}\right)'dx$$
$$= \frac{x}{(x^2+a^2)^n} + 2n\int \frac{x^2}{(x^2+a^2)^{n+1}}dx$$
$$= \frac{x}{(x^2+a^2)^n} + 2n\int \frac{x^2+a^2-a^2}{(x^2+a^2)^{n+1}}dx$$
$$= \frac{x}{(x^2+a^2)^n} + 2n\int \frac{1}{(x^2+a^2)^n}dx - 2na^2\int \frac{1}{(x^2+a^2)^{n+1}}dx$$
$$= \frac{x}{(x^2+a^2)^n} + 2nI_n - 2na^2 I_{n+1}$$

したがって、この式をI_{n+1}について解けば漸化式

$$I_{n+1} = \frac{1}{2na^2}\left(\frac{x}{(x^2+a^2)^n} + (2n-1)I_n\right)$$

が得られます。

以上ですべての有理関数は原始関数が求まることが分かりました。ただ、この計算はとても手間がかかります。今では数式処理のソフトウェアが大変に発展し、多くの場合、関数の式を入力するだけでコンピュータが積分計算をしてくれるので、昔と違って手作業で積分計算をすることはほとんどなくなりました。それでも、ある関数の原始関数が求まるかどうかは、その計算が有理関数の原始関数の計算に帰着するかどうかを調べることで決着するので、有理関数の原始関数が(計算の手間はさておいて)求まることを知っていることはとても大切なことです。

11.6 無理関数の原始関数

ほとんどすべての無理関数の原始関数は初等関数の範囲内では求めることができませんが、根号の中が1次分数式、あるいは2次式の場合はその原始関数を求めることができます。これは上に述べたように、無理関数の原始関数の計算が有理関数の原始関数の計算に帰着することを示すことで証明ができます。

本書では一般論は省略します。いくつかの具体例を計算してみましょう。

例 $\displaystyle\int\sqrt{\frac{1+x}{1-x}}\,dx$

根号の中が1次分数式の場合は根号全体をtと置くことで、tについての有理積分に帰着させることができます。ただし、この計算は非常に煩雑で、上の例のような比較的簡単な関数でも計算は大変です。ともかくも実行してみます。

$$\sqrt{\frac{1+x}{1-x}}=t$$

とおくと、$t^2=\dfrac{1+x}{1-x}$ですから、これをxについて解けば

$$x=\frac{t^2-1}{t^2+1}$$

です。

両辺の微分を計算して(右辺には商の微分公式を使います)、

$$dx=\frac{4t}{(t^2+1)^2}dt$$

です。

したがって、

$$\begin{aligned}\int\sqrt{\frac{1+x}{1-x}}\,dx&=\int t\cdot\frac{4t}{(t^2+1)^2}dt\\&=\int\frac{4t^2}{(t^2+1)^2}dt\\&=4\int\frac{t^2+1-1}{(t^2+1)^2}dt\\&=4\int\frac{1}{1+t^2}dt-4\int\frac{1}{(t^2+1)^2}dt\end{aligned}$$

ここで、最初の積分は公式通り

$$4\int\frac{1}{1+t^2}dt=4\tan^{-1}t$$

です。

2番目の積分は漸化式を当てはめて

11

$$
\begin{aligned}
4\int\frac{1}{(t^2+1)^2}dt &= 4I_2\\
&= 2\left(\frac{t}{t^2+1}+I_1\right)\\
&= 2\left(\frac{t}{t^2+1}+\tan^{-1}t\right)
\end{aligned}
$$

となります。

したがって求める積分は

$$
\begin{aligned}
\int\sqrt{\frac{1+x}{1-x}}\,dx &= 4\tan^{-1}t-2\left(\frac{t}{t^2+1}+\tan^{-1}t\right)\\
&= 2\left(\tan^{-1}t-\frac{t}{t^2+1}\right)\\
&= 2\left(\tan^{-1}\sqrt{\frac{1+x}{1-x}}-\frac{\sqrt{1-x^2}}{2}\right)
\end{aligned}
$$

となります。かなり技巧的な計算ですが、実際にこれが求める原始関数であることを微分して確かめてみましょう。

$$
\begin{aligned}
&\left(2\left(\tan^{-1}\sqrt{\frac{1+x}{1-x}}-\frac{\sqrt{1-x^2}}{2}\right)\right)'\\
&= 2\cdot\frac{1}{\frac{1+x}{1-x}+1}\cdot\frac{1}{2\sqrt{\frac{1+x}{1-x}}}\cdot\frac{2}{(1-x)^2}+\frac{x}{\sqrt{1-x^2}}\\
&= \frac{1}{\sqrt{\frac{1+x}{1-x}}(1-x)}+\frac{x}{\sqrt{(1+x)(1-x)}}\\
&= \frac{1}{\sqrt{(1+x)(1-x)}}+\frac{x}{\sqrt{(1+x)(1-x)}}\\
&= \sqrt{\frac{1+x}{1-x}}
\end{aligned}
$$

確かに微分すると、元の関数に戻ります。

根号内が2次関数の場合も有理積分に帰着させることができます。とくに$\sqrt{ax^2+bx+c}$を含む積分で、$a>0$の場合は

$$\sqrt{ax^2+bx+c}=t-\sqrt{a}\,x$$

と置き、両辺を2乗してxを求めると、

$$x=\frac{t^2-c}{2\sqrt{a}\,t+b}$$

となり、両辺の微分をとって、

$$dx=\frac{2\sqrt{a}\,t^2+2bt+2\sqrt{a}\,c}{(2\sqrt{a}\,t+b)^2}\,dt$$

となりますから、

$$\sqrt{ax^2+bx+c}=t-\sqrt{a}\,x=t-\frac{\sqrt{a}\,t^2-\sqrt{a}\,c}{2\sqrt{a}\,t+b}$$

を元の積分の式に代入すれば、tについての有理積分に帰着します。ただし、これも具体的な計算はかなり煩雑で大変でしょう。例を挙げます。

例 $\displaystyle\int\frac{1}{\sqrt{x^2+1}}\,dx$

$\sqrt{x^2+1}=t-x$と置き、両辺を2乗してxを求めると、

$$x=\frac{t^2-1}{2t}=\frac{1}{2}\left(t-\frac{1}{t}\right)$$

したがって、

$$dx=\frac{1}{2}\left(1+\frac{1}{t^2}\right)dt=\frac{t^2+1}{2t^2}\,dt$$

ですから、

$$\sqrt{x^2+1}=t-x=t-\frac{t^2-1}{2t}=\frac{t^2+1}{2t}$$

と合わせて代入すると

$$\begin{aligned}\int \frac{1}{\sqrt{x^2+1}}\,dx &= \int \frac{2t}{t^2+1}\cdot\frac{t^2+1}{2t^2}\,dt \\ &= \int \frac{1}{t}\,dt \\ &= \log|\,t\,| \\ &= \log\left|\,x+\sqrt{x^2+1}\,\right|\end{aligned}$$

が得られます。これは前に微分の章で、この関数を微分してみることで調べておいた結果と同じです。

では、最後にこれまでの結果を使って、実際に積分の値を求めてみましょう。

第12章

積分を求める

もう一度、微分積分学の基本定理を書いておきます。

●定理（微分積分学の基本定理）

$$\int_a^b f(x)\,dx = F(b) - F(a),\ \text{ただし、}F'(x) = f(x)$$

また、不定積分の計算では、置換積分で置きかえた変数をもとに戻すのが普通ですが、定積分の場合は変域までも含めて変換するのが普通です。すなわち、積分

$$\int_a^b f(x)dx$$

で$x = \phi(t)$と置換して、xがaからbまで変化するとき、tがαからβまで変化するとすれば、置換積分の公式は

$$\int_a^b f(x)dx = \int_\alpha^\beta f(\phi(t))\phi'(t)dt$$

となります。

いくつかの例を計算してみましょう。

12.1 定積分の値を計算する

例 $\displaystyle\int_0^1 \frac{2x+1}{x^2+1}dx$

$$\begin{aligned}\int_0^1 \frac{2x+1}{x^2+1}dx &= \int_0^1 \frac{2x}{x^2+1}dx + \int_0^1 \frac{1}{1+x^2}dx \\ &= \left[\log(x^2+1)\right]_0^1 + \left[\tan^{-1}x\right]_0^1 \\ &= \log 2 - \log 1 + \tan^{-1}1 - \tan^{-1}0 \\ &= \log 2 + \frac{\pi}{4}\end{aligned}$$

この積分では公式

$$\int \frac{f'(x)}{f(x)}dx = \log|f(x)|$$

が使えるように変形しました。この工夫は分数関数を積分するときにはとても役に立ちます。

次に部分積分法を使う例を紹介します。

例 $\displaystyle\int_0^1 \log(1+\sqrt{x})dx$

$$\begin{aligned}\int_0^1 \log(1+\sqrt{x})dx &= \int_0^1 (x)'\log(1+\sqrt{x})dx \\ &= \left[x\log(1+\sqrt{x})\right]_0^1 - \int_0^1 x\cdot(\log(1+\sqrt{x}))'dx \\ &= \log 2 - \int_0^1 x\cdot\frac{1}{1+\sqrt{x}}\cdot\frac{1}{2\sqrt{x}}dx \\ &= \log 2 - \int_0^1 \frac{\sqrt{x}}{2(1+\sqrt{x})}dx\end{aligned}$$

ここで、第2項の積分ですが、これは根号の中が1次式なので、公式通り、$\sqrt{x}=t$と置くと、xが0から1まで変化するとき、tも0から1まで変化し、

$$x=t^2,\ dx=2tdt$$

ですから

$$\begin{aligned}\int_0^1 \frac{\sqrt{x}}{2(1+\sqrt{x})}dx &= \int_0^1 \frac{t}{2(1+t)}\cdot 2tdt \\ &= \int_0^1 \frac{t^2}{1+t}dt \\ &= \int_0^1 \left(t-1+\frac{1}{t+1}\right)dt \\ &= \left[\frac{t^2}{2}-t+\log(t+1)\right]_0^1 \\ &= \log 2 - \frac{1}{2}\end{aligned}$$

したがって、全体の積分は

$$\int_0^1 \log(1+\sqrt{x})dx = \log 2 - \left(\log 2 - \frac{1}{2}\right) = \frac{1}{2}$$

となります。

例 $\displaystyle\int_0^{\frac{\pi}{2}} \frac{\cos x}{1+\sin^2 x} dx$

$\sin x = t$とおくと、$\cos x\, dx = dt$で、xが0から$\pi/2$まで変化するとき、tは0から1まで変化するから

$$\begin{aligned}\int_0^{\frac{\pi}{2}} \frac{\cos x}{1+\sin^2 x} dx &= \int_0^{\frac{\pi}{2}} \frac{\cos x\, dx}{1+\sin^2 x} \\ &= \int_0^1 \frac{1}{1+t^2} dt \\ &= [\tan^{-1} t]_0^1 \\ &= \tan^{-1} 1 - \tan^{-1} 0 \\ &= \frac{\pi}{4}\end{aligned}$$

次の積分は応用上もとても大切な積分です。

12.2 フーリエ解析のために

この世界には振動という現象があります。振動は音や電磁波などの物理現象として、私たちの身のまわりにもあります。これを数学的にみると、振動とは周期的に同じ値をとる周期関数と考えることができます。三角関数がその代表的な例です。周期が2πである関数を三角関数の和で表して、その関数を調べる数字をフーリエ解析といいます。

フーリエ解析によく使われる積分計算を紹介しましょう。

例 $\displaystyle\int_0^{2\pi} \sin mx \sin nx \, dx$

$$\int_0^{2\pi} \sin mx \sin nx \, dx$$

このような場合は三角関数の公式が役立ちます。今までに述べてきた通り、微分積分学の計算は線形性という性質のおかげで、関数の和や差に対して相性が良く、積や商については計算が複雑になります。そこで、三角関数などを微分したり積分したりする時は、積を和に直す公式がとても役に立ちます。具体的には

$$\sin\alpha \sin\beta = -\frac{1}{2}(\cos(\alpha+\beta) - \cos(\alpha-\beta))$$

$$\sin\alpha \cos\beta = \frac{1}{2}(\sin(\alpha+\beta) + \sin(\alpha-\beta))$$

$$\cos\alpha \cos\beta = \frac{1}{2}(\cos(\alpha+\beta) + \cos(\alpha-\beta))$$

などです。また、半角公式を逆に見た

$$\sin^2\alpha = \frac{1}{2}(1-\cos 2\alpha),\ \cos^2\alpha = \frac{1}{2}(1+\cos 2\alpha)$$

も次数を下げ三角関数の2次式を1次式にするためによく使われます。

今の場合は積を和に直す公式を

$$\sin mx \sin nx = -\frac{1}{2}(\cos(m+n)x - \cos(m-n)x)$$

の形で使います。

$$\int_0^{2\pi} \sin mx \sin nx \, dx = -\frac{1}{2}\left(\int_0^{2\pi} \cos(m+n)x \, dx - \int_0^{2\pi} \cos(m-n)x \, dx\right)$$

ですが、ここで$m \neq n$と$m = n$の2つの場合に分けます。

12

(1) $m \neq n$のとき

$$\int_0^{2\pi} \sin mx \sin nx\, dx = -\frac{1}{2}\left(\int_0^{2\pi} \cos(m+n)x\, dx - \int_0^{2\pi} \cos(m-n)x\, dx\right)$$
$$= -\frac{1}{2}\left[\frac{\sin(m+n)x}{m+n} - \frac{\sin(m-n)x}{m-n}\right]_0^{2\pi}$$
$$= 0$$

(2) $m = n (\neq 0)$のとき

このときは元の積分に戻ると

$$\int_0^{2\pi} \sin nx \sin nx\, dx = \int_0^{2\pi} \sin^2 nx\, dx$$
$$= \frac{1}{2}\int_0^{2\pi} (1-\cos 2nx)dx$$
$$= \frac{1}{2}\left[x - \frac{\sin 2nx}{2n}\right]_0^{2\pi}$$
$$= \pi$$

全く同様にして次の積分も計算できます。

例 $\displaystyle\int_0^{2\pi} \cos mx \cos nx\, dx,\ \int_0^{2\pi} \sin mx \cos nx\, dx$

$$\int_0^{2\pi} \cos mx \cos nx\, dx = \begin{cases} 0, & (m \neq n) \\ \pi, & (m = n \neq 0) \end{cases}$$
$$\int_0^{2\pi} \sin mx \cos nx\, dx = 0$$

これらの積分はフーリエ解析でつかわれる大切な積分です。

12.3 計算の技術について

20世紀半ば過ぎまで、微分積分学を学ぶことの多くの時間が、微分や積分の計算技術の習得に費やされました。有理関数の不定積分を計算することは、大変に手間のかかる作業でした。しかし、20世紀後半からコンピュータソフトの大変な進歩によって、現在では、大半の微分、積分の計算はコンピュータが代わってやってくれるようになりました。昔は大変高価だったソフトも今では、フリーソフトとして比較的容易に手に入ります。これらのソフトを使うと、原始関数も積分も電卓をたたいて数値計算するのとほとんど変わらない手軽さで計算ができます。その意味で微分積分学の技術は、現在では使う技術というより、鑑賞する古典になりつつあるのかもしれません。しかし、このような技術を鑑賞することで数学の歩んできた道をたどることができます。それも数学の一面を学ぶ上で大切なことではないか、そんな感覚で微分積分学の技術を鑑賞していただけると幸いです。

終わりに

ここまでに、微分積分学という数学を、その考え方とその技術の2部に分けてお話ししてきました。微分積分学そのものはすでに古典的な数学といっていいでしょう。積分学はお話しした通り、アルキメデスによる放物線の求積にその源がありますし、微分学はフェルマーなどによる接線の考え方を源とし、その後17世紀のニュートン、ライプニッツなどにより、自然現象を分析する大切な道具として展開されました。その意味でも微分積分学は古典数学です。

数学という学問の性格

しかし、ここが数学という学問の不思議な部分なのですが、いったん確立した数学は決して古びることがありません。自然科学の多くの分野では、17,18世紀の科学的な結論や理論は科学史の文脈のなかで語られることはあっても、それをそのまま高校生が学ぶことはありません。数学でも17世紀の数学なら、数学史として語られてもよさそうです。もちろん、現在の日本の高校生が学んでいる微分積分学が、17世紀当時、そのままの形で研究されていたわけではありません。微分積分学も時代とともに洗練され学びやすくなっています。極限の理論なども当時とは比べ物にならないくらい整備され厳密化しました。しかし、そのもっとも基本的な考え方、積分でいえば、全体の面積や体積を小さな部分の総和として計算すること、微分でいえば、自然界のどのような変化も、ごく一部だけを取り出せば正比例と見なしてよいこと、などは全く古びることなく今も学ばれています。ここに数学という学問の、基礎学問としての重要性があります。結局、数学とは自然を解釈することそのものではなく、解釈するための基礎的な概念や形式を改めてきちんと問い直し、整備する学問なのです。その一番基礎になるのが微分積分学です。

しかし、数学は19世紀、20世紀を通じて大発展しました。そこでの数学発展の原動力は、数学的な想像力です。数学は確かに自然を解釈するための自然科学の一員として発達してきましたが、自然界にはそのままでは存在しない、もう少し広い意味での人の想像力の中の自然、無限や次元なども研究対象とするようになったのです。数学はその意味では、想像力の科学となりました。

意味と形式

数学では大切なことが2つあります。数学は記号を操る学問です。記号を操るとは広い意味での計算です。小学生たちは算数という名前の数学で最も基本的な記号操作を学びます。それは数字から始まり、数をたしたり引いたりすること、いわゆる計算、に続き、それらの計算の集大成として、分数の四則演算があります。分数を形式的にたしたり引いたり、かけたり割ったりできるようになることは小学校数学の大きな目標の1つです。これが1つ目の大切なことです。記号計算の技術が数学の想像力を支えているといってもいいでしょう。私たちは4次元や無限を直接目で見たり、手で触ったりすることはできません。しかし、記号を通して、4次元や無限を想像することができます。想像された世界は、経験を積むことによって、リアリティを獲得するようになります。ここに記号とその操作の大切な役割があります。

一方で、その計算技術には想像力による意味づけが必要なのです。数学が分かるとは、「自分が今行っている計算がどんな意味を持っているのかを理解すること」に他なりません。これがもう1つの大切なことです。記号の意味を理解し、記号操作の技術を十分に習得すること。これが数学を学ぶということです。

いま、ともすると機械的な方法を学ぶことばかりに重きが置かれ、技術を闇雲に練習するような教育観があるように思われます。「理由など考えずにそう覚えておけばいい」、確かにこのような数学教育はその場では一定の効果があるかもしれません。しかし意味も分からずに覚えた技術はすぐに剥げ落ちてしまいます。数学の学びはテストの点を取るためだけにあるのではないのです。数学教育は、人の想像力を養い鍛えるためのとても優れた場を提供してくれるのです。

本書は2部構成になっています。第1部では極力計算を抑えて、微分積分学という数学がどんな意味を持っているのかをお話しするようにしました。微分積分学は人の叡智の創り出した芸術作品ですが、鑑賞するためには多少の知識が必要です。それを準備することが第1部の目的でした。

一方、上で述べたとおり、微分積分学を鑑賞し楽しむためにはある程度の技術も必要なのです。高等学校ではそのもっとも基礎となる最小限の技術を学びますが、微分積分学はそのもう少し先、テイラー展開で1つのピークを迎えます。この高台に立ってみると、今まで学んできた数学が見事な景色を作っていることがわかるでしょう。第2部ではそのための基礎的な技術を養い、体力をつけるための計算について説明しました。

1部、2部を通して、読者の皆さんが微分積分学という古くて新しい数学に親しみを持ってくださることを願ってやみません。

索引

記号

あ行

か行

さ行

た行

な行

は行

ま行

や行

ら行

わ行

著者紹介

瀬山士郎

1946年群馬県生まれ。1970年東京教育大学大学院理学研究科終了。専門は位相幾何学、グラフ理論。1970年群馬大学教員となり、2011年定年退職。群馬大学名誉教授。数学教育協議会会員。退職後は一数学愛好家に戻り数学を楽しんでいる。
群馬大学時代はおもに教養数学を担当し、楽しく面白い数学をモットーに、数論、幾何学、パズル学、算数学など様々な分野の数学を講義する。少年時代からSF、探偵小説、怪談を愛読し、友人たちと月1回の児童文学の読書会を開いて40年近くになる。趣味はパズル玩具と動物の頭骨の収集。夢は4次元空間を見ることと、2035年の北関東皆既日食を見ること。
著書「バナッハ・タルスキの密室」(日本評論社)「読む数学」(角川ソフィア文庫)「はじめての現代数学」(ハヤカワ文庫)「幾何物語」(ちくま学芸文庫)「無限と連続の数学」(東京図書)「トポロジー　柔らかい幾何学」(日本評論社)「ぐにゃぐにゃ世界の冒険」(福音館書店)「計算のひみつ」(さ・え・ら書房)「数学　想像力の科学」(岩波書店)他。

本書へのご意見、ご感想は、以下のあて先で、書面またはFAXにてお受けいたします。電話でのお問い合わせにはお答えいたしかねますので、あらかじめご了承ください。

〒162-0846　東京都新宿区市谷左内町21-13
株式会社技術評論社　書籍編集部
『頭にしみこむ微分積分』係
FAX：03-3267-2271

●ブックデザイン　内川たくや（ウチカワデザイン）
●本文DTP　BUCH+

頭にしみこむ微分積分

2016年7月1日　初版　第1刷発行

著　者　瀬山 士郎
発 行 者　片岡　巌
発 行 所　株式会社技術評論社
東京都新宿区市谷左内町21-13
電話　03-3513-6150　販売促進部
03-3267-2270　書籍編集部
印刷／製本　株式会社加藤文明社

定価はカバーに表示してあります。

ISBN978-4-7741-8078-6 C3041
Printed in Japan